叠层透明导电薄膜的制备及其在光电器件中的应用

薛志超 孙 红 李 强 张玉琢 著

中国纺织出版社有限公司

内 容 提 要

柔性透明有机发光二极管和柔性透明有机太阳能电池在日常生活有广阔的应用前景。本书选取几种介质材料（NiO、SnO_x、Bi_2O_3）和金属 Ag 膜构筑 DMD 电极，通过优化各层的厚度，获得高性能的阳极和阴极，并进一步探索其在有机太阳能电池（OPVs）中的应用，并详细介绍了几种叠层透明导电薄膜的制备方法，及其作为电极材料在聚合物太阳能电池中的应用。

本书适合从事材料与光电器件方向的学生、老师、科研人员以及企业技术人员、管理人员和营销人员阅读，还可以作为高等学校师生等有关人员的参考书。

图书在版编目（CIP）数据

叠层透明导电薄膜的制备及其在光电器件中的应用/薛志超等著. --北京：中国纺织出版社有限公司，2020.6
ISBN 978-7-5180-7145-6

Ⅰ.①叠… Ⅱ.①薛… Ⅲ.①叠层结构-导电薄膜-制备-研究②叠层结构-导电薄膜-应用-光电器件-研究 Ⅳ.①TQ171.6②TN15

中国版本图书馆 CIP 数据核字（2019）第 280073 号

责任编辑：孔会云　　特约编辑：陈怡晓　　责任校对：寇晨晨
责任印制：何　建

中国纺织出版社有限公司出版发行
地址：北京市朝阳区百子湾东里 A407 号楼　邮政编码：100124
销售电话：010—67004422　传真：010—87155801
http://www.c-textilep.com
中国纺织出版社天猫旗舰店
官方微博 http://weibo.com/2119887771
天津千鹤文化传播有限公司印刷　各地新华书店经销
2020 年 6 月第 1 版第 1 次印刷
开本：710×1000　1/16　印张：5.25
字数：70 千字　定价：88.00 元

凡购本书，如有缺页、倒页、脱页，由本社图书营销中心调换

前　言

柔性透明有机光电器件(柔性透明有机发光二极管和柔性透明有机太阳能电池)在我们日常生活中有广阔的应用前景。其具有性能优异(低电阻、高透过率、耐弯折等)的柔性透明底电极和顶电极(阴极和阳极)，且要求顶电极的制备不能破坏器件的有机活性层。迄今为止，应用最广泛的透明电极材料为铟锡氧化物(ITO)，但 ITO 中的铟元素在自然界中的含量少、价格高，且 ITO 质地脆、不耐弯折，制备条件苛刻，已不能满足柔性透明光电器件的要求。因此，研制出替代 ITO 的新型高性能的透明导电薄膜有着重要的意义和价值。近年来，介质/金属/介质(DMD)叠层透明导电薄膜受到人们的广泛关注，它可在室温下制备、成本低、柔韧性好、导电性高、选材范围广，是一种较为理想的柔性透明电极，在有机光电器件的应用中展现出了一定的潜力。目前柔韧性好、湿热稳定性高、功函数可调的 DMD 电极还比较缺乏。考虑到介质材料的性质对 DMD 电极的透过率、功函数、界面特性等有重要的影响，本书选取几种介质材料(NiO、SnO_x、Bi_2O_3)和金属 Ag 膜构筑 DMD 电极，通过优化各层的厚度，获得高性能的阳极和阴极，并进一步探索其在有机太阳能电池(OPVs)中的应用。具体研究内容如下：

(1) 首次利用 NiO 作为介质材料，Ag 为金属层，用电子束蒸发方法制备了高性能的叠层透明导电薄膜 NiO/Ag/NiO(NAN)，其最大透过率为82%(590nm)，面电阻 $7.6\Omega/m^2$，功函数 4.7eV，表面粗糙度 1.73nm。NAN 电极不仅具有良好的透过率、高的电导率和平整度，同时还具有优异的环境稳定性和湿热稳定性。我们以 NAN 为阳极，PEDOT：PSS 作为阳极界面缓冲层，制备了 OPV 器件，其性能可以与 ITO/PEDOT：PSS 为阳极的标准器件相媲美(5.20% 比 5.76%)。

(2) 在 PET 衬底上，制备了高柔韧性、高稳定性的 PET/NAN 柔性电极，并进一步采用紫外臭氧(UVO)辐照方式，显著提高了 NAN 电极的功函数(从 4.7eV 到 5.3eV)，在不加 PEDOT：PSS 阳极界面缓冲层的情况下，制备的柔性 OPV 器件效率高达 5.55%，其性能优于 PET/ITO/PEDOT：PSS 为阳极的标准器件性能(4.42%)。此外，以 NAN 为电极的柔性太阳能电池展现了很好的耐弯折性，在弯折1000次后，效率依然保持70%以上。

（3）用超薄Bi_2O_3修饰SAS，制备SASB叠层透明导电膜。发现厚度为1nm的Bi_2O_3修饰层，不会影响SAS电极的透过率和导电性，但可以显著降低SAS电极的功函数（从4.7 eV到4.2 eV）。采用SASB为阴极制备的OPV器件效率达6.21%，其性能可以与采用ITO/ZnO为阴极的标准器件相媲美（6.58%）。

由于作者水平有限，书中不足的地方，恳请专家、学者及使用本书的广大读者批评指正，意见请寄:沈阳建筑大学理学院或发送邮件至ningning040587@163.com。

目 录

第1章 绪论 ··· 1
  1.1 背景介绍 ·· 1
  1.2 透明导电薄膜的分类及特性 ··· 2
    1.2.1 单层透明导电薄膜 ··· 3
    1.2.2 叠层透明导电薄膜 ··· 8
  1.3 界面对叠层透明导电薄膜性能的影响 ···································· 9
    1.3.1 界面对叠层透明导电薄膜稳定性的影响 ······················· 9
    1.3.2 界面对叠层透明导电薄膜光电性能的影响 ···················· 10
  1.4 透明导电薄膜的应用 ·· 11
    1.4.1 有机电致发光器件 ·· 12
    1.4.2 有机太阳能电池 ··· 14
  1.5 叠层透明导电薄膜的研究现状 ··· 18
  1.6 本书主要内容及创新点 ··· 22
    1.6.1 本书主要内容 ·· 22
    1.6.2 研究的创新点 ·· 22

第2章 新型高性能 NiO/Ag/NiO 叠层透明导电薄膜的制备及其在有机太阳能电池上的应用 ··· 24
  2.1 引言 ··· 24
  2.2 实验方法 ··· 25
    2.2.1 NAN 叠层透明导电薄膜的制备与性能测试 ·················· 25
    2.2.2 以 NAN 和 ITO 为阳极的太阳能电池的制备方法与性能测试 ······ 26
  2.3 结果与讨论 ·· 27
    2.3.1 NAN 薄膜的光学性能 ·· 27
    2.3.2 NAN 薄膜的电学性能及其稳定性 ······························ 31
    2.3.3 NAN 薄膜的表面形貌 ·· 33

2.3.4　NAN 薄膜在有机太阳能电池中的应用 ………………………… 35
　2.4　本章小结 …………………………………………………………… 36

第 3 章　NiO/Ag/NiO 叠层透明导电薄膜性能的优化及应用 ……… 38
　3.1　引言 ………………………………………………………………… 38
　3.2　实验方法 …………………………………………………………… 39
　3.3　结果与讨论 ………………………………………………………… 40
　　3.3.1　NAN 薄膜功函数的优化 ……………………………………… 40
　　3.3.2　柔性 NAN 薄膜的光学性能 …………………………………… 41
　　3.3.3　柔性 NAN 薄膜的稳定性测试 ………………………………… 42
　　3.3.4　高功函数 NAN 电极在柔性有机太阳能电池中的应用 ……… 44
　3.4　本章小结 …………………………………………………………… 49

第 4 章　低功函数叠层透明导电薄膜 SnO$_x$/Ag/SnO$_x$/Bi$_2$O$_3$ 的制备及应用 …… 50
　4.1　引言 ………………………………………………………………… 50
　4.2　实验方法 …………………………………………………………… 51
　　4.2.1　Bi$_2$O$_3$ 界面层以及 SASB 电极的制备过程及测试方法 ……… 51
　　4.2.2　倒置太阳能电池的制备过程 …………………………………… 52
　4.3　结果与讨论 ………………………………………………………… 52
　　4.3.1　Bi$_2$O$_3$ 作为阴极界面层在有机太阳能电池中的应用 ………… 52
　　4.3.2　SASB 薄膜的光电性能 ………………………………………… 54
　　4.3.3　SASB 的表面形貌 ……………………………………………… 56
　　4.3.4　低功函数 SASB 电极在有机太阳能电池中的应用 …………… 58
　4.4　本章小结 …………………………………………………………… 61

第 5 章　总结与展望 …………………………………………………… 63
　5.1　总结 ………………………………………………………………… 63
　5.2　展望 ………………………………………………………………… 64

参考文献 ………………………………………………………………… 66

第1章 绪 论

1.1 背景介绍

透明导电薄膜由于具有高透过率和高导电性而被广泛应用于当代科学与技术的各个领域,并成为物理电子学、材料学、半导体光电子学等各种新兴交叉学科的材料基础。但是,在没有发现透明导电氧化物之前,人们认为在自然界中所有导电的物质都是不透明的。直到1907年,Badeker打破了人们对导电物质的透明性的传统认识,他发现CdO不仅导电同时还是半透明的。而最初这种透明导电氧化物只是用在飞机的挡风玻璃上。之后,薄膜科学与技术飞速发展,在20世纪50年代,人们先后制备出了SnO_2基透明导电薄膜和In_2O_3基透明导电薄膜。为了降低薄膜的成本,在20世纪80年代,人们开始关注ZnO基透明导电薄膜。目前,掺杂型的透明导电薄膜的主体材料主要有In_2O_3、ZnO、SnO_2、Ga_2O_3、CdO。其中,应用比较广泛的掺杂体系有ZnO:Al(AZO)、SnO_2:F、SnO_2:Sb、In_2O_3:SnO_2(ITO)。而透明导电薄膜的制备方法可以分为化学镀膜法和物理镀膜法。化学镀膜法主要有等溶胶—凝胶,喷涂热分解以及各种化学气相沉积;物理镀膜法主要有各种溅射镀膜技术,各种真空蒸发镀膜技术,其中包括离子源辅助的电子束热蒸发镀膜技术。不同的制备方法各有利弊,比如喷涂热分解法的制备成本低,但制备出的薄膜的性能不够理想;而目前公认的最佳制备透明导电薄膜的磁控溅射法,虽然其工艺已经非常成熟,并且可以生产商业化的ITO,但是也存在着成本高,效率低等缺点。

目前,除了建筑和节能窗户外,透明导电薄膜主要应用在显示和太阳能电池方面。作为有机光电器件中的电极材料,透明导电薄膜在市场上也有着巨大的需求量。迄今为止,应用最广泛的是ITO透明导电薄膜,同时它也是最早应用在有机光电器件当中的透明导电薄膜。但ITO中的铟是一种稀有元素,随着对薄膜需求量的增加,铟价格上涨的同时还面临着耗尽的威胁。而且随着科技的快速发展,ITO透明导电薄膜作为透明电极已经不能满足光电器件的发展需求。比如人们希望透明导电薄膜的制备成本可以更低,在作为光电器件的载流子注入电极时,它的功函数是可控的等。这些要求ITO已经不能够满足,因此,研发新型高性能实用化的透明导电薄膜有着重要的意义和价值。近年来报道了一些可作为ITO替代品的电极,例如碳纳米管、石墨烯、导电聚合物、金属薄膜、金属纳米线以及金属网格等。这些电极都有各自的优点和缺点,在光电性质及其稳定性、生产工艺等方面仍面临不少问题。相信随着研究的不断深入,若干种材料的性能将逐渐完善,并进入实用化阶段。而现阶段研制出新型具有良好光电性能的透明导电薄膜仍是一项巨大的挑战。

介质/金属/介质(Dielectric Metal Dielectric,DMD)叠层透明导电薄膜是新型无铟透明导电薄膜之一,这种导电薄膜可以通过调节金属两侧介质的厚度来调节薄膜的透过率,使其在获得高电导率的同时在可见光区域具有高透过率。而且,这种薄膜的制备工艺简单,不需要加高温,可选择的材料范围也很广,并不仅限于几种材料。DMD薄膜虽然有很多优点,但也存在一些需要解决的问题,比如它的导电机理尚不明确,作为电极,和相邻的有机层之间还存在一定的界面问题等。这些方面都需要相关研究者进一步研究。

1.2　透明导电薄膜的分类及特性

随着透明导电薄膜的飞速发展,越来越多的新型透明导电薄膜出现在人们面前。按照薄膜的组成成分和组成结构,我们将透明导电薄膜大致可分为以下几类:透明导电金属薄膜、透明导电氧化物薄膜、叠层透明导电薄膜、聚合物导电薄膜、导电性粒子分散介电体、透明导电化合物薄膜、新型纳米结构导电薄膜。具体分类和实例见表1-1。

表1-1　透明导电薄膜的分类

薄膜的类别	实例
透明导电金属薄膜	Au、Cu、Ag、Al、Ni,以及网状结构金属薄膜

续表

薄膜的类别		实例
透明导电氧化物薄膜	未掺杂	In_2O_3、ZnO、SnO_2、Ga_2O_3、CdO 等
	二元体系	$ZnO:Al$、$SnO_2:F$、$In_2O_3:SnO_2$ 等
	三元体系	$MgTiO_3:In_2O_3$(IMTO)、$PrTiO_3:In_2O_3$(IPTO) 等
	多元体系	$GaInO_3-Zn_2In_2O_5$ 等
	钛酸盐体系	$SrTiO_3$ 等
叠层透明导电薄膜	TCO/M/TCO	ITO/Ag/ITO、AZO/Au/AZO 等
	DMD	$WO_3/Ag/WO_3$、$MoO_3/Ag/MoO_3$ 等
聚合物透明导电薄膜		PEDOT:PSS 等
透明导电化合物薄膜	单层膜	CdS、TiN、ZnS 等
	双层膜	ZrO_2/TiN、TiO_2/TiN 等
导电性粒子分散介电体		Au、Ag、Ru 等粒子分布在 SiO_2 中
新型纳米结构透明导电薄膜		石墨烯、碳纳米管、金属纳米线等

1.2.1 单层透明导电薄膜

1.2.1.1 金属透明导电薄膜

金属薄膜(如 Au、Cu、Ag、Al 等)由于自由载流子浓度高($10^{20}\,cm^3$ 以上),所以它具有很好的导电性。但同时也因为载流子浓度高,金属薄膜是红外光和可见光的反射体,等离子体频率分布在近紫外光区,所以它在可见光区域内透过率不是很好。如果想提高可见光区域的透过率,就需要将金属薄膜做得很薄(<20nm)。金属薄膜厚度在 10nm 左右时光电性能最好。但薄膜是岛状结构,为了提高薄膜的成膜性,人们在基底上镀一层氧化物,比如 SiO_2、Al_2O_3 等。但这样受到杂质和表面效应的影响薄膜的电阻率变大了,因此很难制备出连续且光电性能良好的金属薄膜。除此之外,金属薄膜易受外界环境的影响且强度低。总之,金属薄膜的缺点很多,但最突出的优点就是电阻率小。表 1-2 为常见金属膜的材料性能。

表 1-2　常见金属膜的材料性能

镀膜材料	透明区	折射率对应波长（μm）	特性
Ag	可见与红外	0.05　0.5 0.09　0.9 1.89　4.0	反射率高，耐磨性差，暴露在大气，易与微量的硫化合物形成硫化物
Au	可见与红外	0.33　0.55 0.15　0.80 1.49　4.0	膜软，易损伤
Cu	可见	0.95　0.55 0.25　0.8 1.15　2.48	电阻率相对其他金属，略大
Al	可见	0.82　0.546 1.99　0.8 5.97　4.0	易蒸发，能牢固地附在包括塑料在内的大多数基底上

1.2.1.2　透明导电氧化物薄膜

目前透明导电氧化物薄膜无论是理论上还是制备工艺上都比较成熟，已经实现了产业化。透明导电氧化物薄膜属于半导体材料，因此具有以下特征：

（1）禁带宽度 $E_g>3\text{eV}$，可通过掺杂其他元素调节带隙；

（2）可见光区域透过率 >80%，而在紫外区域截止，红外区域高反射；

（3）电阻率比较小，在 $10^{-5}\Omega\cdot\text{cm}$ 到 $10^{-4}\Omega\cdot\text{cm}$ 之间（通常为 N 型）；

（4）存在形式主要有单晶、多晶、非晶，最常见的是热稳定性好的多晶形式。

迄今为止，最常用的具有以上特征的透明导电氧化物主要有 In_2O_3、ZnO、SnO_2、Ga_2O_3、CdO，其中 CdO 是最早发现的透明导电氧化物，但是因为氧化镉中的镉有毒，限制了它的实用性，所以人们很少将它作为研究对象。而 Ga_2O_3 由于导电能力没有 In_2O_3、ZnO、SnO_2 强，所以研究 Ga_2O_3 的人也比较少。剩下其他三种是最为常见的透明导电氧化物，其基本特性见表 1-3。除此之外，应用比较广泛的掺杂体系有 ZnO：Al（AZO）、SnO_2：F（FTO）、SnO_2：Sb、In_2O_3：SnO_2（ITO）。

表 1-3　几种常见透明导电氧化物在室温下的基本特性

材料	结构	禁带宽度(eV)	晶格常数(nm)	电阻率($\Omega\cdot\text{cm}$)	折射率
In_2O_3	正立方	3.55~3.75	$a=1.0117$	10^{-2}~10^{-4}	2.0~2.1
SnO_2	金红石	3.7~4.6	$a=0.47371$ $c=0.31861$	10^{-2}~10^{-4}	1.8~2.2

续表

材料	结构	禁带宽度(eV)	晶格常数(nm)	电阻率($\Omega \cdot cm$)	折射率
ZnO	纤锌矿	3.1~3.6	$a = 0.32426$ $c = 0.51948$	$10^{-1} \sim 10^{-4}$	1.85~1.9

a. 氧化铟 In_2O_3。氧化铟是一种白色或淡黄色的物质，它的晶体结构如图 1-1 所示，是立方锰铁矿结构，又叫作稀土氧化物结构。由 4 个 In 原子和 6 个 O 原子组成原胞，图中大球代表 In 原子，小球代表 O 原子，六个 O 原子位于立方体的顶角，留下两个氧空位，而氧空位是一种点缺陷。一个完整的氧化铟晶胞是由 80 个原子组成的，它的结构特别复杂。通过光学实验测量了氧化铟的直接跃迁禁带宽度是在 3.55~3.75eV，在可见光区域的透过率在 85% 左右，此外，In_2O_3 具有较高的施主杂质浓度（$>10^{19}cm^{-3}$）和霍尔迁移率[$>50cm^2/(V \cdot s)$]。氧化铟光电性能可以通过用高价阳离子或者低价阴离子替位的方法来提高。常见的掺杂元素有 Sn、Mo、F、Ti 等，其中 In_2O_3:Sn(ITO) 的性能最好，已经成为应用最广泛的透明导电薄膜。

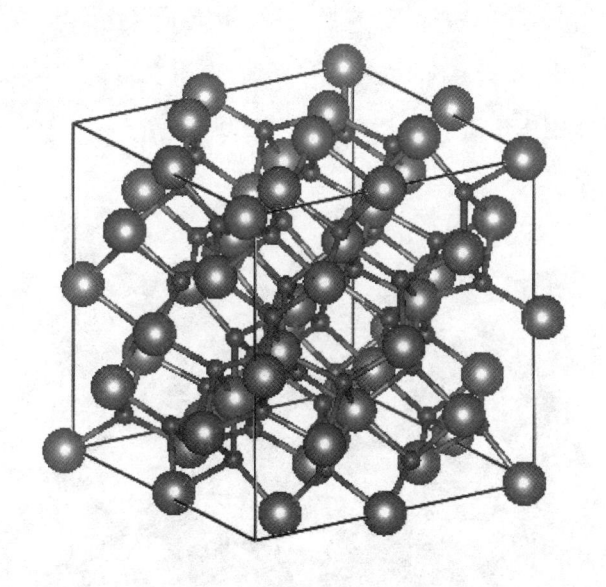

图 1-1 In_2O_3 的晶体结构

ITO 是一种 N 型宽禁带半导体材料，它的结构与氧化铟相同，为体心立方锰铁矿结构。ITO 具有良好的光电性能，它在可见光区域内的最高透过率可达到 90%，在红外区具有较高的反射率（>80%），而在紫外区具有较高的吸收率(>85%)。氧化铟中三价的 In 被 Sn 替位取代后便对导带提供一个电子,同时由于氧空位的存在,ITO 中具有较高的载流子浓度($10^{20} \sim 10^{21} \text{cm}^{-3}$),其迁移率大约是[$10 \sim 30 \text{cm}^2/(\text{V} \cdot \text{s})$],电阻率在 $10^{-5} \sim 10^{-3} \Omega \cdot \text{cm}$ 之间。铟是一种稀有元素,它在自然界中含量非常少,随着 ITO 需求量的增加,铟价格上涨的同时还面临着耗尽的问题,所以新型高性能 ITO 替代材料的研发变得越来越紧迫和重要。

b. 二氧化锡 SnO_2。二氧化锡(SnO_2)材料是第一个被投入到商用的性能优良的透明导电材料。它的晶体结构为正方金红石结构,如图 1-2 所示。它是由两个 Sn 原子和四个 O 原子组成原胞,图中大球代表 Sn 原子,小球代表氧原子。SnO_2 是一种 N 型宽带隙半导体材料,它的禁带宽度在 $3.5 \sim 4\text{eV}$ 之间,在可见光区域和近红外光区域的透过率在 80% 左右。而 SnO_2 中的载流子主要是晶体中存在的缺陷(间隙锡原子、氧空位、杂质)提供的,它们可以做施主也可以做受主。此外,也可通过掺杂来进一步提高这个材料的稳定性和导电性,比如 SnO_2:F(FTO)、SnO_2:Sb(ATO)。如果掺 F 离子进入 SnO_2 晶格后,F 离子取代了 O 离子的位置,提供给导带一个电子;如果掺 Sb 离子进入 SnO_2 晶格后,Sb 离子取代了 Sn 离子的位置,同样可以提供导带一个电子。FTO 的透过率为 80%,电阻率为 $9.1 \times 10^{-3} \Omega \cdot \text{cm}$。ATO 的透过率为 70%,电阻率为 $10^{-3} \Omega \cdot \text{cm}$。

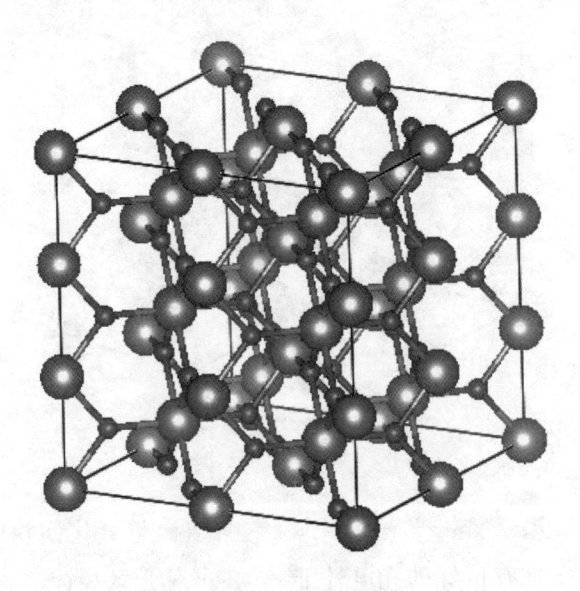

图 1-2 SnO_2 的晶体结构

c. 氧化锌 ZnO。氧化锌是一种兼具光、电、铁电、压电等特性的材料。它既有闪锌矿结构，又有纤锌矿结构。通常情况下，纯氧化锌和掺杂后的氧化锌均是六方密排纤锌矿结构。图1-3 为氧化锌的晶体结构。图中大的球代表 Sn 原子，小的球代表氧原子。它的禁带宽度在 3.1~3.6eV 之间。未掺杂的 ZnO 存在 6 种本征缺陷，这 6 种本征缺陷分别为氧代锌、锌代氧、氧空位、锌空位、氧间隙、锌间隙。其中锌代氧、氧空位、锌间隙这 3 种缺陷起施主作用，而其余 3 种缺陷起受主作用。

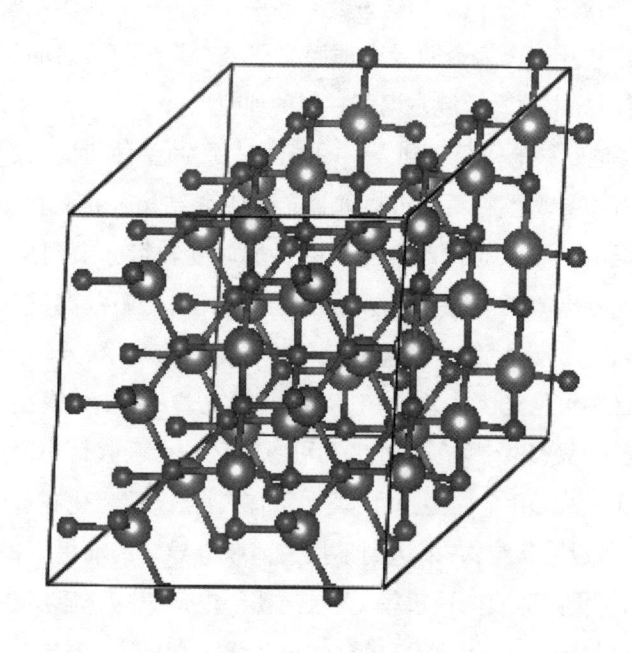

图1-3 ZnO 的晶体结构

早在 1982 年，人们就通过射频磁控溅射法制备出了低电阻率($4.5 \times 10^{-4} \Omega \cdot cm$)的未掺杂的氧化锌导电薄膜，但这样的薄膜不是很稳定，尤其是在高温环境中。之后人们在氧化锌里进行掺杂。在 1983 年时，人们首次通过喷涂热分解方法制备了 ZnO:In 透明导电薄膜，并获得了良好的光电性能。之后人们开始在氧化锌里掺杂各种元素，如Ⅲ族元素（如 Ga、Al 等）、Ⅳ族元素（如 Ge、Zr 等）、Ⅶ族元素（如 F 等）、稀土元素（如 Y 等）。

ZnO 掺杂型透明导电薄膜的优点有原材料成本低；具备可以与 ITO 相媲美的光电特性；无毒；制备方法简单。

1.2.2 叠层透明导电薄膜

目前叠层透明导电薄膜大致可分为两类：DMD 叠层透明导电薄膜和 TCO/M/TCO 叠层透明导电薄膜。

1.2.2.1 DMD 叠层透明导电薄膜

20 世纪 50 年代，人们发现在 Au 薄膜的两侧涂上 Bi_2O_3 后，薄膜的透过率有所增加，于是这种介质/金属/介质(Dielectric/ Mental/ Dielectric, DMD)复合多层结构薄膜引起了人们的关注。但最初这种复合多层结构薄膜是作为热镜材料为人们所熟知，近几年来才开始作为透明导电薄膜来研究。发展至今，DMD 叠层透明导电薄膜已经在透明导电薄膜领域占据了一定的地位。

DMD 叠层透明导电薄膜受到人们的关注是因为它可同时获得了高透过率(可见光区域)和高电导率。它不仅可以通过金属夹心结构轻松获得 $10\Omega/m^2$ 以下的超低面电阻，同时还可以通过改变薄膜的各层厚度和组分来调节薄膜的透过率。其中，叠层透明导电薄膜中的金属层一般会选择具有低吸收高反射特性的金属来制备，比如 Au、Cu、Ag、Al 等。目前应用最广泛的是金属 Ag，因为 Au 膜红外反射高，但在紫外区和可见光区较差，而 Cu 和 Au 情况差不多，Al 膜在紫外区反射高，但在红外区较差，只有 Ag 膜在紫外区和可见光区域内吸收最小，且导电性好。除了传统的 Au、Cu、Ag、Al 金属薄膜外，现在还有人将 Ag 层氧化制备成 AgO_x 薄膜或者将金属层制备成网状结构，来达到不损失薄膜电导率的前提下提高薄膜的透过率的目的。为了提高薄膜的透过率，叠层透明导电薄膜的介质层一般会选择折射率高的材料，比如 ZnO、SnO_2、TiO_2、WO_3、MoO_3 等。

DMD 叠层透明导电薄膜不仅具有良好光电特性，它相对于传统掺杂型透明导电薄膜来说，还具有可选择的材料范围广、制备工艺简单、成本低、可用作有机光电器件的顶电极或柔性电极等优点。除此之外，DMD 透明导电薄膜作为有机光电器件的电极，可以通过选择不同的介质来调节电极的功函数，因此 DMD 透明导电薄膜不仅可以作阴极、阳极，还可以做串联太阳能电池的中间电极。迄今为止，用空穴传输材料 MoO_3 和 WO_3 等作为介质材料制备成的 DMD 透明导电薄膜被用作阳极；用电子传输材料 TiO_2 和 ZnO 等作为介质材料制备成的 DMD 透明导电薄膜被用作阴极。基于 DMD 为电极的柔性太阳能电池的性能已经可以和基于 ITO 为电极的刚性太阳能电池相媲美了。但同时它也有一些缺点需要相关研究者做进一步的优化,比如热稳定性差、难刻蚀、理论研究相对较少、叠层电极与有机层之间还存在着一些界面问题需要解决等。

1.2.2.2 TCO/M/TCO 叠层透明导电薄膜

传统掺杂型的透明导电氧化物(TCO)的研究已经近乎发挥到了极致,为了进一步提高薄膜的性能,人们想到了将其制备成叠层结构。事实证明,TCO/M/TCO 结构透明导电薄膜的导电性确实要比单层 TCO 薄膜要提高了,但是透过率却因为金属层而受到了限制。目前 TCO/M/TCO 叠层透明导电薄膜中的 TCO 主要有 ITO、IZO、ICO、SCO、AZO 等,但其中研究最多的仍然是 ITO/Ag/ITO 叠层透明导电薄膜。但是含铟的透明导电薄膜存在铟的含量问题(铟是一种稀有元素)。对于 TCO/M/TCO 叠层透明导电薄膜而言,和 DMD 叠层透明导电薄膜一样,它的每层膜的厚度对于薄膜的光电性能有着非常重要的影响。Dimopoulos 等在制备 AZO/Au/AZO 高性能透明导电薄膜时发现,当 AZO 厚度为 50 nm 时,薄膜获得最好的透射率(79%),且在改变 Au 层的厚度(5~9nm)时,薄膜的面电阻从 $30\Omega/m^2$ 降低到 $12\Omega/m^2$。Jung 等在制备 GAZO(GAZO 即 ZnO 掺杂 Ga,Al)/Ag/GAZO 时发现,当薄膜的厚度分别为 50nm/12nm/50nm 时,薄膜性能最好,最高透过率为 96.4%,面电阻为 $9.1\Omega/m^2$。

1.3 界面对叠层透明导电薄膜性能的影响

叠层透明导电薄膜由于制备条件与各层材料的性质存在一定的差异,因此制备出的叠层薄膜的层与层之间存在着一些问题,比如膜层脱层开裂、界面导电电子散射、表面等离子体共振等。下面简单介绍一下界面特性对叠层透明导电薄膜性能的影响。

1.3.1 界面对叠层透明导电薄膜稳定性的影响

叠层透明导电薄膜的制备是在室温下进行的,这是叠层薄膜的一个优点。因为这样制备条件下的薄膜更适合生长在柔性衬底上,但这样的薄膜在实际应用中很容易受到环境的影响。与高温制备的 FTO 相比,低温制备的叠层透明导电薄膜的环境稳定性比较差。但这不仅是因为制备温度的不同造成的,同时也是叠层透明导电薄膜层与层之间以及膜与基底之间的应力状态和热膨胀系数不同造成的。除此之外,薄膜的稳定性差还有很多其他的因素。

其中,叠层薄膜介质层不同,薄膜的稳定性也有所不同。Kusano 等曾将 ZnO/Ag/ZnO 与 ITO/Ag/ITO 的热稳定性作对比,结果发现 ITO/Ag/ITO 在 650℃下加热 10min 后性能要优于 ZnO/Ag/ZnO。此外,薄膜的附着力差也是导致不耐温度湿度的原因之一。附着力是许多应用研究的重要因素之一,但它的定量表征存在一定的困难,可以通过平均的界面应力来衡量薄膜的附着力。平均界面应力可通过下面的公式求得:

$$\sigma_i = \frac{\sigma_{Stoney} - \sigma_{XRD}}{N} \tag{1-1}$$

其中,σ_i 代表平均界面应力;σ_{Stoney} 代表通过 Stoney 公式求得的膜与基底的应力;σ_{XRD} 代表通过 XRD 测量的薄膜的应力,N 代表界面个数。

但是根据嵌入原子模型(EAM)得到的结果与实际测量的结果有一定的差异,因此还需做进一步的研究。今后可以将第一原理、有限元模拟计算技术与划痕、压痕、覆盖层、双悬臂梁等实验技术相结合,来研究薄膜界面附着力这一性能。由于叠层透明导电薄膜的附着能力差,所以在恶劣的环境中,薄膜容易脱落,导致失效。

想要提高薄膜的耐湿度温度的稳定性,在 Ag 中掺杂其他金属或者在 Ag 膜上蒸镀一层阻隔层,这些都是有效的方法。Wang 等在 Ag 膜上镀了一层很薄的 Ni—Cr 或 Ti,从而提高了 Ag 膜的连续性,在高温下 Ni—Cr 或 Ti 层可能生成了氧化物保护了 Ag 层,进而增加了薄膜的热稳定性。除此之外,在 Ag 膜中掺杂 Ti 或 Au,可提高 Ag 膜热稳定性,进而提高以其为金属夹心层的叠层的耐热性。或者在 Ag 膜中掺杂 Pd,来提高薄膜的耐湿性。

1.3.2　界面对叠层透明导电薄膜光电性能的影响

叠层透明导电薄膜由于层与层之间存在表面等离子极化基元(Surface Plasmon Polariton,SPP),所以实际的光学透过率与理论设计值会有一定的差异。通过 SPP 的色散方程可知:

$$k_{spp} = \frac{\omega}{c}\sqrt{\frac{\varepsilon_M \varepsilon_D (\varepsilon_M \mu_D - \varepsilon_D \mu_M)}{\varepsilon_M^2 - \varepsilon_D^2}} \tag{1-2}$$

其中,ω 为角频率;c 为相速度常数;ε_M 为金属介电常数;ε_D 为介质介电常数;μ_M 为

金属磁导率，μ_D 为介质磁导率。

叠层透明导电薄膜由于金属夹心结构，突破了传统掺杂型金属氧化物透明导电薄膜由于功函数限制的导电瓶颈，薄膜的电阻率降低了一到两个数量级。但是由于薄膜粗糙的界面，导致 Ag 膜的电子散射，所以薄膜实际的导电能力并没有得到明显的提高。银膜与两侧介质层的界面接触和形貌特征对叠层透明导电薄膜的电学性质影响很大。

1.4 透明导电薄膜的应用

透明导电薄膜由于同时兼备高透明和高导电能力而得到了广泛的应用，它在信息、国防、能源等各个领域具有重要的研究意义和广泛的应用价值。透明导电薄膜可以应用在除霜除雾玻璃、节能电致变色窗户、防电磁干扰透明窗、低辐射玻璃、红外至雷达波段隐身涂层、抗静电涂层等方面。除此之外，透明导电薄膜还是有机光电器件中的电极材料，可以应用在薄膜太阳能电池、平面显示、触摸屏等领域中，并且在市场上有着巨大的需求量。可以通过透明导电薄膜面电阻的不同，将其应用在不同的领域，如图 1-4 所示。而透明导电薄膜在产业链中的位置，如图 1-5 所示。下面将着重介绍透明导电薄膜在有机光电器件（OLEDs 和 OPVs）中的应用。

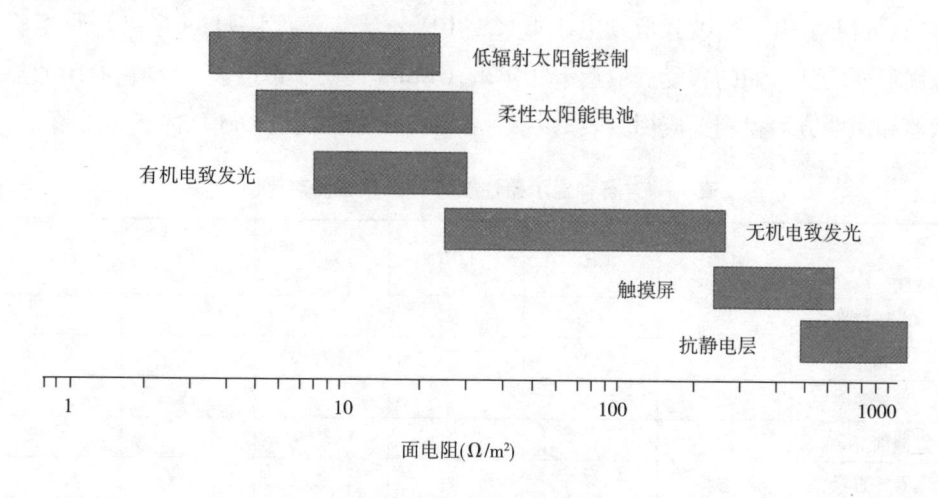

图 1-4　不同面电阻的透明导电薄膜的应用方向

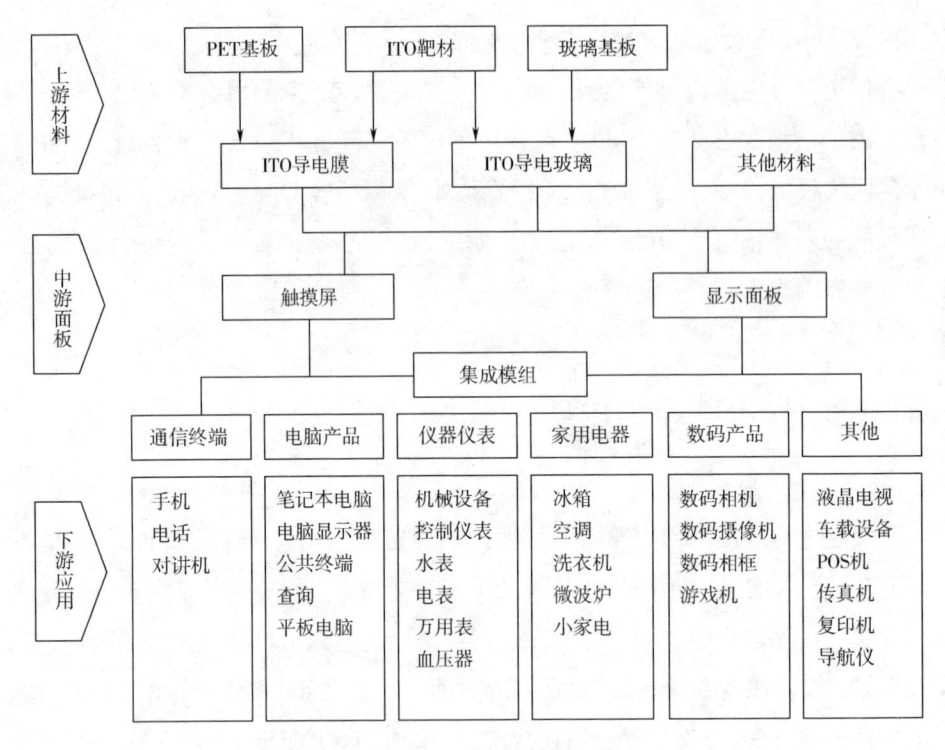

图 1-5　透明导电薄膜在产业链中的位置

1.4.1　有机电致发光器件

有机电致发光器件(OLEDs)是由多层薄膜结构组成的器件,它由于具有色彩鲜艳、可视角广(>170°)、驱动电压低(3~10V)、响应速度快(1μs量级)、重量轻等优点而受到人们的喜爱。最近十几年来,OLEDs发展非常迅速,已经在商用的显示器和照明方面得到了应用。表 1-4 为各种显示器性能与 OLED 性能对比图。

表 1-4　各种显示器性能与 OLED 性能对比图

特性＼类型	OLED	CRT	LCD	LED	PDP	VFD
电压特性	◎	×	◎	◎	×	△
发光亮度	◎	○	○	△	△	○
发光效率	◎	○	○	△	△	○
器件寿命	○	◎	◎	◎	○	△
器件重量	◎	×	◎	△	○	△
器件厚度	◎	×	◎	△	○	△

续表

特性\类型	OLED	CRT	LCD	LED	PDP	VFD
响应速度	◎	◎	△	◎	○	○
视角	◎	◎	△	×	△	○
色彩	◎	◎	○	△	○	○
生产性	○	○	○	○	△	△
成本	○	○	○	○	×	△

注 ◎代表非常好；○代表好；△代表一般；×代表不理想

OLED 代表有机电致发光二极管显示器；

CRT 代表阴极射线管显示器；

LCD 代表液晶显示器；

LED 代表发光二极管显示器；

VFD 代表真空荧光管显示器；

PDP 代表等离子平板显示器。

2014 年，LG Display 宣布他们已成功研发出了一款 18 英寸❶的柔性透明 OLED 显示面板，这款面板成为业内首款将柔性和透明集于一身的产品，这一发明为今后生产大型透明柔性显示面板提供了可能。图 1-6 为 OLEDs 显示器，左图展示的是 OLED 显示器的柔韧性，右图展示的是 OLED 显示器的透明性。LG Display 研究所所长姜芒秉对外表示，这款 18 英寸透明柔性 OLED 显示面板的研发成功预示着未来显示面板技术的新方向，同时还表示 LG Display 在 2017 年推出 60 英寸以上大型透明可弯曲显示面板，其透明度将提升 40% 以上，分辨率将达到 4K 超高清级别，而曲率更将达到 100R。

图 1-6 OLED 显示器（图片来自环球网科技）

❶ 1 英寸 = 2.54cm。

如果柔性透明 OLEDs 的性能得以进一步提高,可以应用到很多方面,比如全透明 OLEDs 显示眼镜、车载透明显示挡风玻璃等,如图 1-7 所示。但是想要制备成柔性 OLEDs 首先要有性能优异的柔性电极才可以。柔性透明电极就是透明导电薄膜。

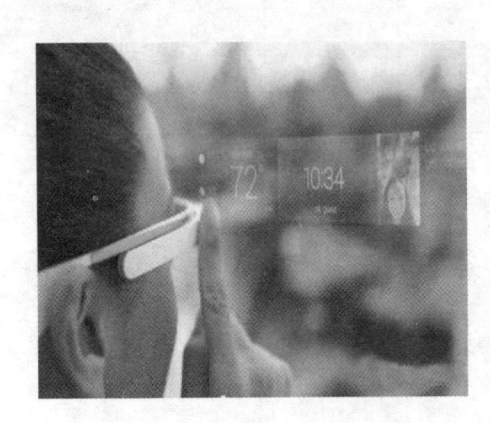

图 1-7 OLED 的应用,左图为全透明 OLEDs 显示眼镜,右图为车载透明显示挡风玻璃

(图片来自中关村在线和 PC online)

有机电致发光器件 OLEDs 是由电极和有机功能层组成的。其中有机功能层主要由电子传输层、空穴传输层、发光层、电子注入层、空穴注入层组成。图 1-8 为 OLEDs 的原理图。这个原理主要由三个步骤组成:空穴和电子在正向偏压下,通过阳极和阴极注入;在外部电场的作用下,积累电荷,电子和空穴在有机层内复合形成激子;激子辐射跃迁发光。

其中,透明导电薄膜在第一个步骤中起到至关重要的作用。这是因为大多数有机材料的 HOMO 能级比较高(5.0eV 以上),而透明导电薄膜作为透明电极,为了与有机材料的 HOMO 能级相匹配,通常需要选择高功函数的透明导电薄膜作为阳极;为了与有机材料的 LUMO 能级相匹配,通常需要选择低功函数的透明导电薄膜作阴极。因此,透明导电薄膜的功函数在有机光电器件中是一个重要的性能参数。除了功函数这一性能参数外,电阻率、透过率、表面形貌等参数对器件性能的影响也很大。

1.4.2 有机太阳能电池

太阳能是一种低密度能量能源,只有大面积化、低廉的成本才能推动其规模化

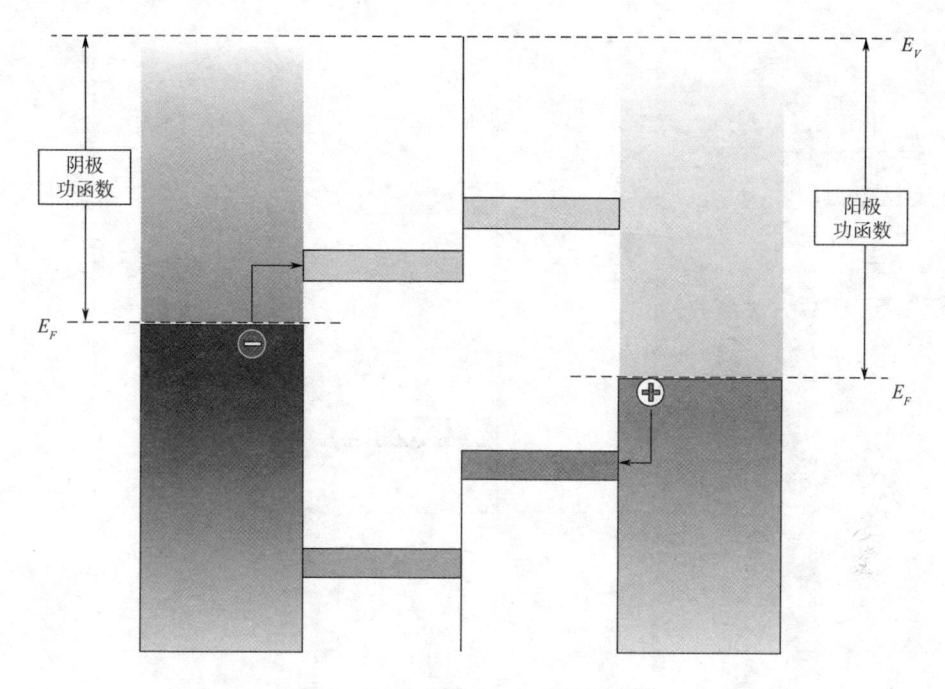

图1-8 有机发光二极管的原理图

的应用。而有机太阳能电池由于具有重量轻、成本低以及适合大面积生产等优点受到了人们的关注。正因为它有这样的优点,所以有望成为一种低成本的可再生资源。

有机太阳能电池主要由电极和有机层组成,它的基本原理是光生伏特效应,即半导体吸收光能后将光转换成电动势。图1-9为有机太阳能电池的原理图。当入射的光子能量大于带隙时,HOMO轨道中的电子将会被激发到LUMO能级中,HOMO轨道中的空穴和LUMO轨道中的电子形成激子,在迁移过程中,遇到合适的给体和受体界面,将会解离成电子和空穴。两种载流子在内建电场和浓度扩散效应的作用下将运动到与之极性相反的电极,最终被收集。但是如果载流子传输至相应的电极时,电极的功函数和有机层之间HOMO或LUMO能级不匹配的话,就会产生能垒,从而降低器件的效率。因而功函数适当且与有机层能级相匹配的电极是非常重要的。除此之外,透明导电薄膜作为太阳能电池的电极,它的透过率、面电阻以及表面形貌对器件性能的影响也很大。

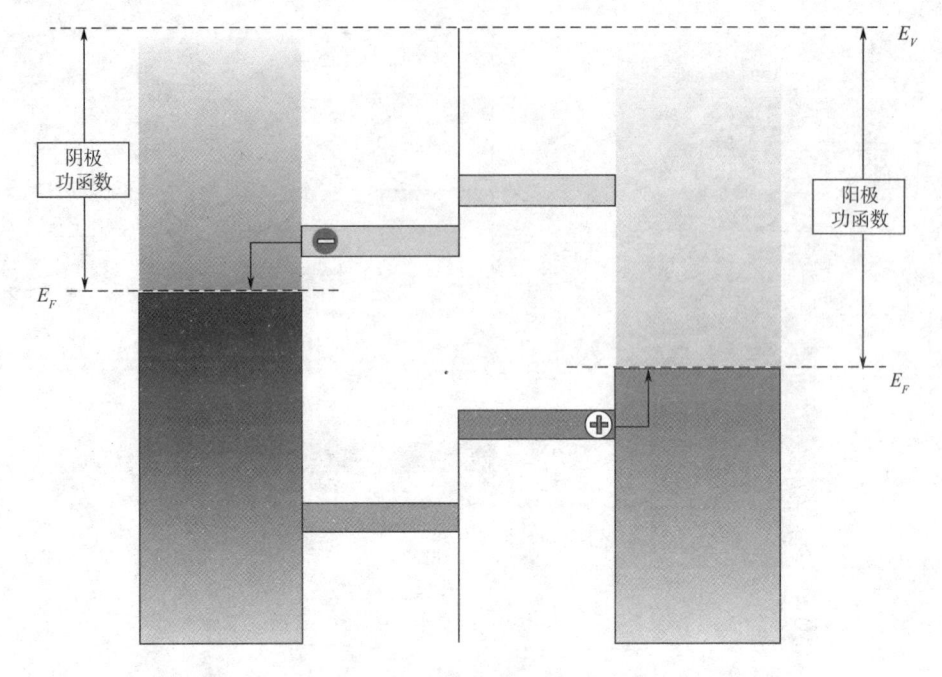

图1-9 有机太阳能电池的原理图

图1-10是有机太阳能电池的电流密度—电压曲线。从图中我们可以看到器件的各个性能参数,曲线与横轴的截距是器件的开路电压(V_{oc}),与纵轴的截距是器件的短路电流(J_{sc}),而器件的开路电压(横轴的截距)与短路电流(纵轴的截距)的乘积是电池的输出功率,其中 $V_{mp} \times J_{mp} = P_{m,out}$(最大输出功率),最大输出功率($P_{m,out}$)除以短路电流($J_{sc}$)与开路电压($V_{oc}$)的乘积是器件的填充因子($FF$),其中 $FF = P_{m,out}/(J_{sc} \cdot V_{oc})$。

(1)开路电压(V_{oc}):当外加电路中电阻无穷大时,器件的电压同时也是器件的最大输出电压。理论上来说,开路电压(V_{oc})只与有机材料的HOMO能级、LUMO能级相关。但实际上,器件电极的功函数是否与有机材料的HOMO能级、LUMO能级相匹配对开路电压(V_{oc})也有影响。

(2)短路电流(J_{sc}):当外部电路中电阻为零时,器件的电流同时也是器件的最大输出电流。当没有外部损耗时,器件的短路电流与有机层内部载流子的密度和迁移率有关。除此之外,电极的透过率对短路电流的影响也很大,它决定着有机层对光的吸收多少。

(3)填充因子(FF):器件的填充因子是 $V_{mp} \cdot J_{mp}$ 与 $V_{oc} \cdot J_{sc}$ 的比值。电极的表面粗糙度影响着器件的串联电阻和并联电阻,而器件的串并联电阻影响着 V_{mp}、

J_{mp}、V_{oc}、J_{sc}。因此,电极的表面形貌对器件的性能参数 FF 有影响。

(4)能量转换效率(PCE):单位面积器件最大输出功率(P_{max})与入射的太阳光功率(P_{in})的百分比。

以上各参数之间的关系如下:

$$P_{max} = V_{OC} \times J_{SC} \times FF \tag{1-3}$$

$$PCE = P_{max}/P_{in} \tag{1-4}$$

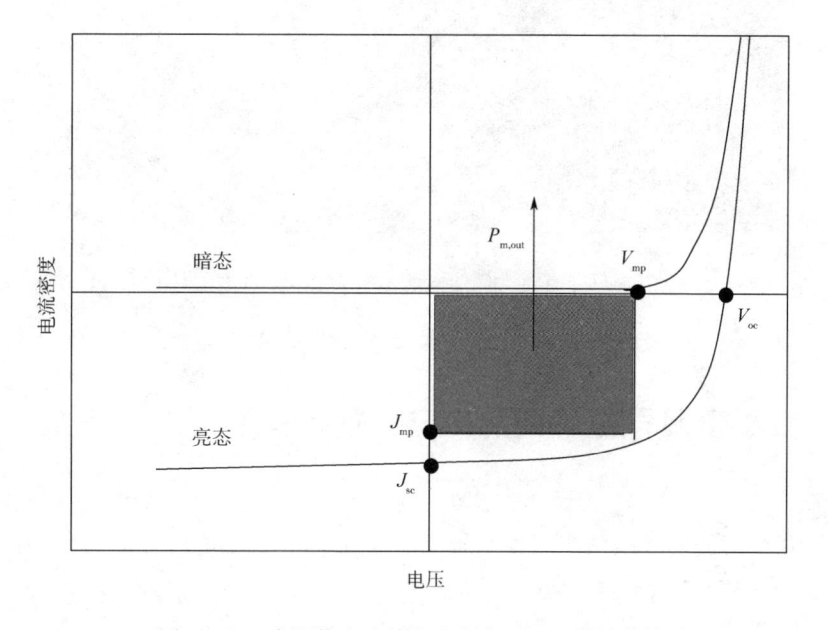

图 1-10　太阳能电池的电流密度—电压特性曲线

如图 1-11 所示,有机太阳能电池还可以制备成柔性太阳能电池,并可以应用在日常生活的很多地方,比如衣服、帐篷、背包以及可折叠的便于携带的柔性充电器等。近年来,有机太阳能电池的技术方面和界面材料方面发展很快,电池的能量转换效率已经超过 10%。但柔性太阳能电池的发展却非常缓慢,其中一个重要的原因是缺少具有良好的光电性能的柔性透明电极。现阶段,高性能的柔性透明电极的研制仍然是一项艰巨的任务。

图 1-11　有机太阳能电池（图片来自于百度图片）

1.5　叠层透明导电薄膜的研究现状

　　DMD 叠层透明导电薄膜不仅制备成本低、面电阻小、可见光区域透过率高、制作工艺简单、可选材料范围广等，而且它在制备的过程中不需要加热，在室温条件下就可以制备出具有良好光电性能的薄膜，因此，DMD 叠层透明导电薄膜非常适合作为柔性电极应用在柔性太阳能电池中。除此之外，DMD 电极还可以通过选择不同的介质来调节电极的功函数，所以 DMD 电极可以作阴极、阳极，还可以做串联太阳能电池的中间电极。迄今为止，用空穴传输材料 WO_3 和 MoO_3 等作为介质材料制备成的 DMD 电极被用作阳极；用电子传输材料 TiO_2 和 ZnO 等作为介质材料制备成的 DMD 电极被用作阴极。基于 DMD 为电极的柔性太阳能电池的性能已经可以和基于 ITO 电极的刚性太阳能电池相媲美。但同时也有很多需要完善的地方，如刻蚀问题；热稳定性问题；界面问题。为了解决这些方面的问题，相关研究者都在不断的努力着。

　　在很早以前，Leftheriotis 制备了以 ZnS 为基础的一系列 DMD 膜系，比如 ZnS/Ag/ZnS, ZnS/Al/Ag/ZnS, ZnS/Ag/ZnS/Ag/ZnS, ZnS/Cu/Ag/ZnS 等，并将它们应用到电致变色器件和红外隔热膜中。由于 ZnS 的折射率比较大，ZnS/Ag/ZnS 这一系列叠层透明导电薄膜的透过率比较好,但 ZnS 材料本身极易吸湿潮解,且热稳定性也比较差,所以不适合在暴露在空气当中。为了了解 ZnS/Ag/ZnS 这一系列叠层透明导电薄膜在大气环境、日照的条件下衰减的情况,Papaefthimiou 对 ZnS/Ag/ZnS 进行稳定性方面的测试,测试发现,在空气中薄膜的光电性能衰退特别快,薄膜只有在小于 0.1Pa 的真空条件下才能保持其光电性能。将中间金属 Ag 层改用 Al/Ag 后薄膜的热稳定性有所提高,但是透过率变差(不足 50%)。这也说明叠层透明导电薄膜中间的金属层对薄膜的光学性能和稳定性有很大的影响。虽然以 ZnS 为基础的一系列 DMD 膜系的稳定性不好,但 ZnS/Ag/ZnS 色彩平衡性和光电性能优异。在 2000 年,蔡珣课题组(上海交通大学)采用 ZnS/Ag/ZnS 纳米叠层透明导电薄膜作为平面显示器(FPD)的透明电极,并做了相关的研究。

除了将 ZnS 作为叠层透明导电薄膜的介质层外,还有人将 TiO_2 作为介质层制备成了叠层透明导电薄膜 $TiO_2/Ag/TiO_2$、$TiO_2/Ti/Ag/Ti/TiO_2$;将 ZnO 作为介质层制备成 ZnO/Ag/ZnO 薄膜。Miyazaki,Ando 等人在研究 ZnO/Ag/ZnO 叠层透明导电薄膜的性质时发现,潮湿的环境会导致 Ag 在界面处产生部分迁移,ZnO 层与 Ag 层界面结合力变差,从而使顶层 ZnO 的起皱,甚至脱落。因此 Ag 基的多层复合透明导电薄膜的稳定性是将来实用阶段需要解决的一个问题。

DMD 叠层透明导电薄膜可以同时获得良好的透明性和导电性。它不仅可以通过金属夹心结构轻松获得 $10\Omega/m^2$ 以下的超低面电阻,同时还可以通过改变薄膜的各层厚度和组分来调节薄膜的透过率。虽然很多叠层结构的透明导电薄膜具有很好的性质,但是大部分应用到有机器件中却效果不佳。Ryu 和 Yook 等人在制备出光电性能优异的 $WO_3/Ag/WO_3$(WAW)透明导电薄膜后,将其作为阴极制备 OLED 器件,但两个器件的性能都不理想。之后 Song 等人也用 $WO_3/Ag/WO_3$(WAW)透明导电薄膜作为电极制备器件,但他们认为 WO_3 作为一种阳极界面缓冲层材料具有深的价带能级 7.49eV,禁带宽度为 2.7eV。因此,WAW 应该是一个高功函的透明导电薄膜。实验结果证实了这一猜测,Song 等制备的 $WO_3/Ag/WO_3$(WAW)透明导电薄膜,在室温条件下制备,实现了极高功函数(6.334eV);之后 Guo 等将其作为阳极应用在有机太阳能电池中,获得的器件性能可以与 ITO 作为阳极的器件相媲美,如图 1-12 所示。这也证实了电极的功函数是有机光电器件中一项很重要的参数,我们需要根据其功函数的大小来判断其适合作为阴极还是阳极。

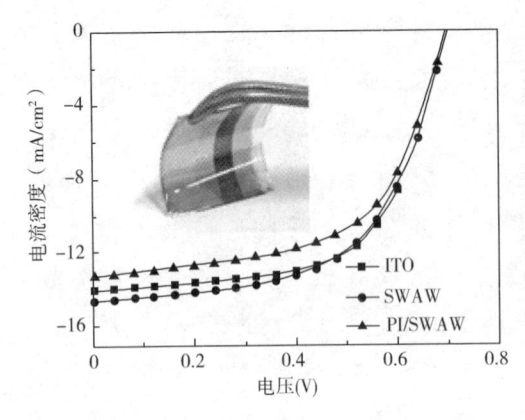

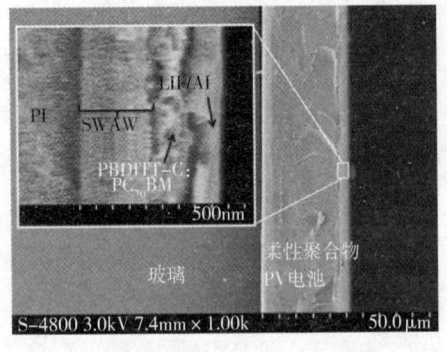

图 1-12 以 WAW 为阳极的有机太阳能电池的电流密度—电压曲线

当利用新型导电薄膜制备器件时,大部分器件的性能都不是很理想,多数是因为界面问题,因此解决电极与有机层之间的界面问题是十分重要的。M. Makha 等将 $MoO_3/Ag/MoO_3$(MAM)叠层透明导电薄膜作为阳极,应用于器件的结构为 $CuPc/C_{60}/Alq_3/Al$ 的有机光伏器件中。其中,MAM 在可见光区具有 70% 的平均透过率和 $3.5\Omega/m^2$ 的面电阻。但是当不加界面层直接将其应用在器件中时,功率转换效率只有 1% 左右。当采用 CuI 薄膜作为阳极界面层以后,器件的功率转换效率提高了 50%。尽管 MAM 的平均透过率只有 70%,但器件效率却和 ITO 相当,主要是由于选用了 CuI 界面层。

之后,Cao 等研究了 $MoO_3/M/MoO_3$ 透明导电薄膜,其中 M 分别用了不同厚度的 Ag 和 Au。并将其应用在柔性有机太阳能电池中,器件性能可以与以 ITO 为电极的器件的性能相匹敌。最近,Sylvio Schubert 等人成功将 MoO_3/籽晶层/金属/MoO_3 叠层薄膜作为顶电极应用到器件当中,器件的结构如图 1-13 所示。这展现了未来叠层透明导电薄膜作为柔性透明有机光电器件电极的潜能。除此之外,叠层透明导电薄膜中间的金属层对薄膜的性能影响很大,如果太厚会影响薄膜的透过率;但如果过薄,Ag 层的不连续将影响薄膜的导电性。而 Sylvio Schubert 等在 Ag 层生长之前先生长了一层籽晶层,使 Ag 层在 7nm 时就可以获得良好的光电性能。

叠层透明导电薄膜除了功函数这一性能参数对太阳能电池的性能有所影响外,透过率对器件性能的影响也很大。因为透明导电薄膜作为器件的电极,它的透过率会影响着有机层对光的吸收。迄今为止,用叠层透明导电薄膜制备成的器件

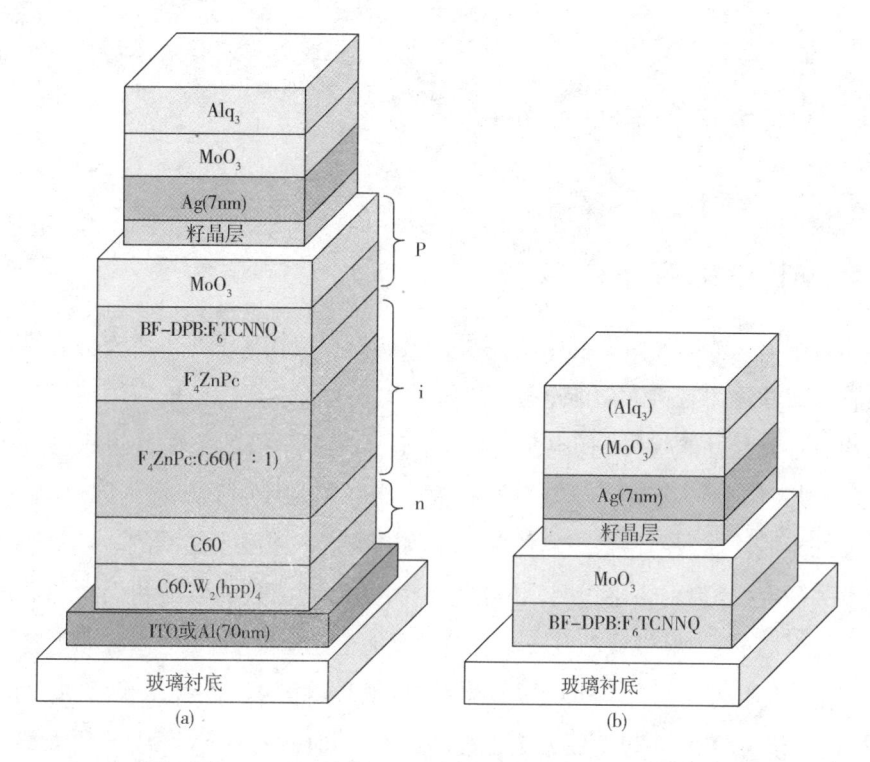

图 1-13 MoO₃/籽晶层/金属/MoO₃ 为顶电极的器件结构

至多只能与以 ITO 为电极的器件的性能相近,却从未超越,这其中最大的限制就是薄膜的透过率。最近,Jungheum Yun 等通过将 ITO/Ag/ITO 薄膜中的 Ag 氧化成 AgO_x 这一新方法,大幅度地提高了叠层薄膜的透过率,从而提高了器件的效率,如图 1-14 所示。

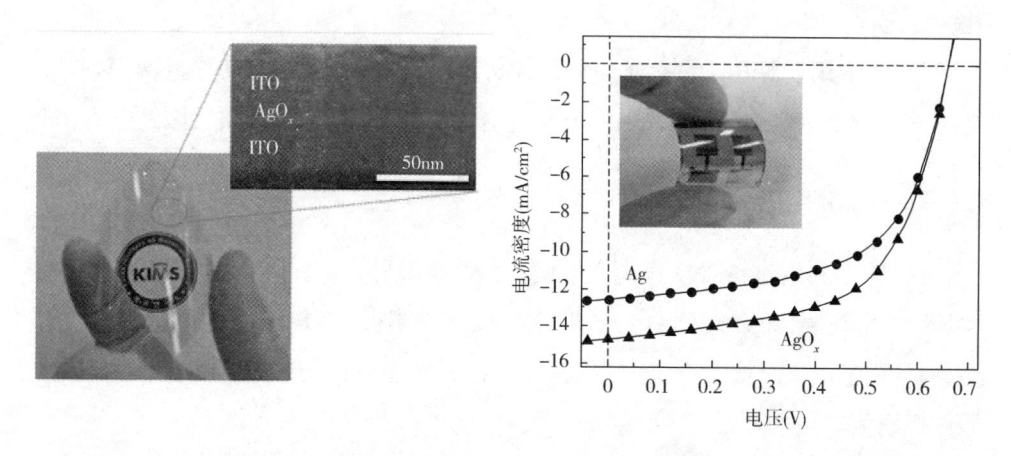

图 1-14 分别以 ITO/Ag/ITO 和 ITO/AgO$_x$/ITO 为电极的太阳能电池的 J—V 特性曲线

1.6　本书主要内容及创新点

1.6.1　本书主要内容

通过第1.3节的介绍我们了解到柔性透明有机光电器件(柔性透明有机发光二极管和柔性透明有机太阳能电池)在我们日常生活中有广阔的应用前景。其关键组成之一就是性能优异(低电阻、高透过率、耐弯折等)的柔性透明底电极和顶电极(阴极或阳极),且要求顶电极的制备不能破坏器件的有机层。因此,研制出具有良好光电性能的柔性低成本的新型透明电极是一项巨大的挑战。针对这一难题展开了研究,分别用叠层透明导电薄膜制备了高功函数的阳极和低功函数的阴极,并分别以它们为电极成功制备了有机太阳能电池,具体的工作内容如下:

(1)首次用NiO制备DMD叠层结构的透明导电薄膜,研究Ag两侧的NiO厚度对NiO/Ag/NiO(NAN)薄膜光电性能的影响,同时研究NAN薄膜的环境稳定性和温湿度稳定性。此外,用NAN作为阳极,PEDOT:PSS作为阳极界面缓冲层,制备正置结构有机太阳能电池。

(2)在PET上制备高柔韧性、高稳定性的PET/NAN柔性电极,并进一步采用紫外臭氧(UVO)辐照方式,显著提高NAN电极的功函数。除此之外,分别用NAN和ITO为阳极,制备柔性太阳能电池,研究以NAN和ITO为电极的柔性太阳能电池的稳定性。

(3)首次用超薄Bi_2O_3修饰SAS,制备高性能低功函数叠层透明导电薄膜SnO_x/Ag/SnO_x/Bi_2O_3(SASB)。最后,以SASB为阴极制备倒置结构的有机太阳能电池。

1.6.2　研究的创新点

(1)首次利用材料NiO作为介质层,Ag为金属层,制备了性能优异的DMD结构透明导电薄膜NiO/Ag/NiO(NAN)。并以其为阳极,PEDOT作为阳极界面缓冲层,制备成了正置结构的有机太阳能电池,且其性能可以与ITO/PEDOT为阳极的器件相媲美。

(2)首次将NAN薄膜制备成了性能稳定柔性电极,并以其为阳极,在不加PE-

DOT 阳极界面缓冲层的情况下,制备成了柔性有机太阳能电池。其性能比柔性 ITO/PEDOT 为阳极的器件性能好。

（3）首次制备出高性能低功函数叠层透明导电薄膜 $SnO_x/Ag/SnO_x/Bi_2O_3$（SASB）,并以其为阴极,在不加 ZnO 界面缓冲层的情况下,制备了有机太阳能电池,且其性能可以与 ITO/ZnO 为阴极的器件相媲美。

第 2 章 新型高性能 NiO/Ag/NiO 叠层透明导电薄膜的制备及其在有机太阳能电池上的应用

2.1 引言

近些年来,透明导电薄膜由于具有良好的透过率和电导率而受到大家广泛的关注。透明导电薄膜 TCO 的应用范围很广。其中,占据市场份额最大的是 ITO 透明导电薄膜,同时它也是最早应用在有机光电器件当中的透明导电薄膜。但 ITO 中的铟属于稀有元素,在地壳中含量特别少,因此,ITO 已经不能够满足需要,所以新型能取代 ITO 的透明导电薄膜的研发是一项具有重要应用前景的工作。近年来,人们报道了很多可以作为 ITO 替代品的电极,例如,碳纳米管、石墨烯、导电聚合物、金属薄膜、金属纳米线,以及金属网格等,一些研究机构与研究进展见表 2-1。目前这些电极尚存在不足之处,比如表面粗糙或者面电阻大等,而这些缺点会导致有机光电器件性能下降。因此,新型、光电性能良好的透明导电薄膜的研制至今仍面临不小的挑战。

表 2-1 ITO 替代材料研究机构与产业化进展

研究公司	研究方向	进展
旭硝子 帝人化工	氧化锌基	已供应靶材和商品,应用于太阳能电池,靶材大面积均匀性问题尚未解决
美国 Cambrios 公司	纳米银线	已应用于电容式触摸屏,初步实现产业化
美国 UNIDYM 韩国 LG 化学	碳纳米管	成功应用于电子纸产品,但由于碳纳米管无法实现商业化生产,所以仍在研发阶段

第2章　新型高性能 NiO/Ag/NiO 叠层透明导电薄膜的制备及其在有机太阳能电池上的应用

续表

研究公司	研究方向	进展
日本 TDK	ITO 纳米粒子	使用涂布印刷法将 ITO 粉末印刷在基板上成膜,大幅度降低了成本,但性能不佳
日本富士通 美国柯达	导电高分子	产品质量及技术尚未推广,仍处于研究阶段
日本 Fujifilm 美国 3M	金属网格	适用于抗电磁干扰。面电阻低至 $0.1\Omega/m^2$,但透过率只有 80%。金属风格大小近微米量级,不适合显示器件

　　叠层透明导电薄膜是新型无铟透明导电薄膜之一,这种导电薄膜可以通过调节金属两侧介质的厚度来调节薄膜的透过率,使其在获得高电导率的同时在可见光区域具有高透过率。而且,这种薄膜的制备工艺简单,不需要加高温,可选择的材料范围也很广,并不仅仅限制于几种材料。DMD 薄膜虽然有很多优点,但也存一些需要相关研究者解决的问题,比如它的导电机理不够明确,电极和有机层之间还存在一定的界面问题等。除此之外,从实用的角度来看,电极的稳定性是一个非常关键的要素,可是 DMD 的相关研究非常少。

　　近年来,NiO 作为阳极界面材料被人们所研究。人们发现其不仅能够有效的传输空穴,还能阻挡电子。因此,NiO 非常适合作为 DMD 结构的介质层。本章以 NiO 为介质层研制了叠层透明导电薄膜 NiO/Ag/NiO（NAN),主要研究 Ag 两侧的 NiO 厚度对 NAN 薄膜光电性能的影响,以及 NAN 薄膜的环境稳定性和温湿度稳定性。我们发现 NiO(35nm)/Ag(11nm)/NiO(35nm)薄膜不仅具有良好的透射率和电导率,同时还具有很好的环境稳定性和温湿度稳定性,以及比商业 ITO 更为平整的表面形貌。但是 NAN 的功函数并没有预计中那么高,和 ITO 相当,为 4～7eV,与大多数的有机活性层材料的最高占有分子轨道(The Highest Occupied Molecular Orbital,HOMO)能级并不匹配。因此,我们采用 PEDOT：PSS 作为阳极界面缓冲层来修饰 NAN 电极,制备有机太阳能电池,并实现了良好的器件性能。

2.2　实验方法

2.2.1　NAN 叠层透明导电薄膜的制备与性能测试

　　NAN 叠层透明导电薄膜制备方法及光电性能测试方法：NAN 薄膜是用电

子束蒸发的技术在室温的条件下制备的。在制备前要先准备清洗干净并烘干的玻璃衬底,将衬底放在电子束的样品架子上,再把放好片子的样品架子放入电子束中开始抽真空。当真空抽到 2.0×10^{-3} Pa 左右时开始制备薄膜。Ag 两侧的 NiO 的厚度保持一致,分别为 15nm、25nm、35nm、45nm、55nm,其中 Ag 的厚度固定为 11nm。为了使薄膜的厚度均匀且光电性能良好,蒸发 NiO 的速率保持在 0.09~0.12nm/s,蒸发 Ag 的速率在 0.7~1.0nm/s。薄膜的厚度是通过 Ambios XP-1 Surface Profiler 校准过的。NAN 及 ITO 薄膜的载流子浓度、载流子迁移率、电阻率是通过 HMS-3000 霍尔测试仪在磁场为 0.55T 的条件下测试的。NAN 及 ITO 薄膜的功函数是通过开尔文探针 KP(Technology Ambient Kelvin Probe System Package)测量的。NAN 及 ITO 薄膜的面电阻是通过四探针法测试的。之后用 Shimadzu UV-3101PC 分光光度计测量了 NAN 及 ITO 薄膜的透过率。用 Shimadzu SPM-9700 原子力显微镜测量了 NAN 及 ITO 薄膜的表面形貌。其中温湿度是通过 SUYING 恒温恒湿箱控制的。测试均是在室温空气中完成的。

2.2.2 以 NAN 和 ITO 为阳极的太阳能电池的制备方法与性能测试

首先准备好具有 4 mm 宽的细条状的 NAN 电极。这个电极是通过掩模板用电子束制备的。然后将 ITO 薄膜刻蚀成宽 4mm 的细条状电极并洗干净烘干。之后通过用滤头将 PEDOT:PSS 溶液滴分别滴在 NAN 和 ITO 电极表面,用 2500r/min 转速旋转 50s。之后将旋涂好的片子放在 120℃ 的烘箱中退火 30min。退火后将它们放到充氮气的手套箱中,等片子冷却后,用滤头将配好的 PBDTTT-C:PC70BM(1:1.5) 加 3% DIO 的混合溶液滴在样品的表面,用 900r/min 的转速旋转 2min。最后将旋涂好的样品放到真空镀膜室内,等到真空度抽到 4×10^{-4} Pa 时开始蒸镀 LiF 及 Al,其中 LiF 厚度为 1nm,Al 厚度为 100nm。器件中涉及的化合物的分子结构如图 2-1 所示。太阳能电池的性能测试是采用 100mW/cm² AM 1.5G 的太阳能模拟器作为光源,通过 Keithley 2611 数字源表获取输出的 J—V 曲线。

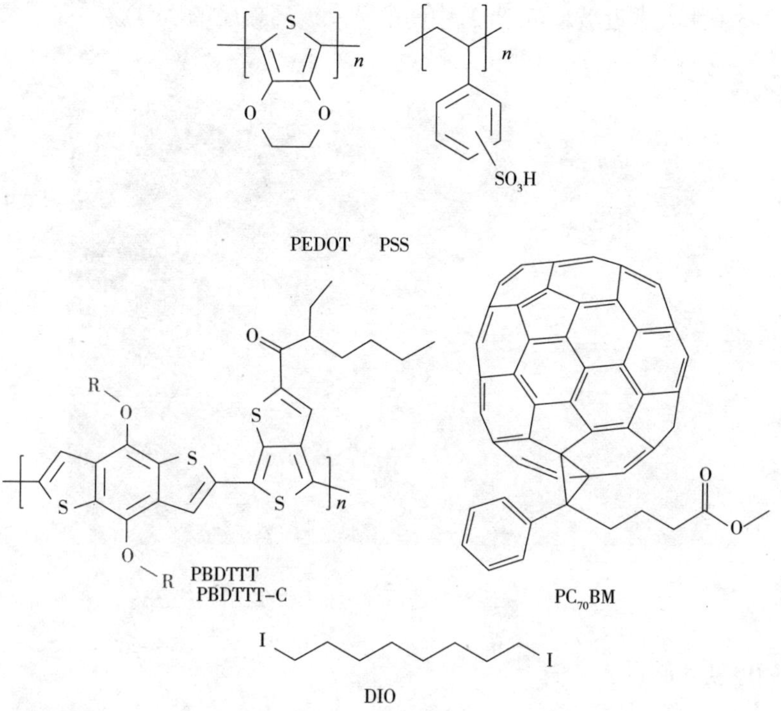

图2-1 有机太阳能电池中化合物的分子结构图

2.3 结果与讨论

2.3.1 NAN薄膜的光学性能

在制备NAN叠层透明导电薄膜之前,先对叠层透明导电薄膜的透射光谱进行了模拟计算。式(2-2)和式(2-2)为薄膜的特征矩阵:

$$\begin{bmatrix} B \\ C \end{bmatrix} = \left\{ \prod_{j=1}^{3} \begin{bmatrix} \cos\delta_j & \dfrac{i}{\eta_j}\sin\delta_j \\ i\eta_j\sin\delta_j & \cos\delta_j \end{bmatrix} \right\} \begin{bmatrix} 1 \\ \eta_4 \end{bmatrix} \tag{2-1}$$

$$\eta_j = \begin{cases} N_j/\cos\theta_j & \text{用} p \text{极化波} \\ N_j\cos\theta_j & \text{用} s \text{极化波} \\ N_j & \text{正常光入射} \end{cases} \tag{2-2}$$

其中,NAN薄膜的层状结构如图2-2所示。由于只考虑光是垂直入射的情况,所

以 $j=1,2,3$（代表靠近玻璃的 NiO,中间的 Ag,远离玻璃的 NiO）。

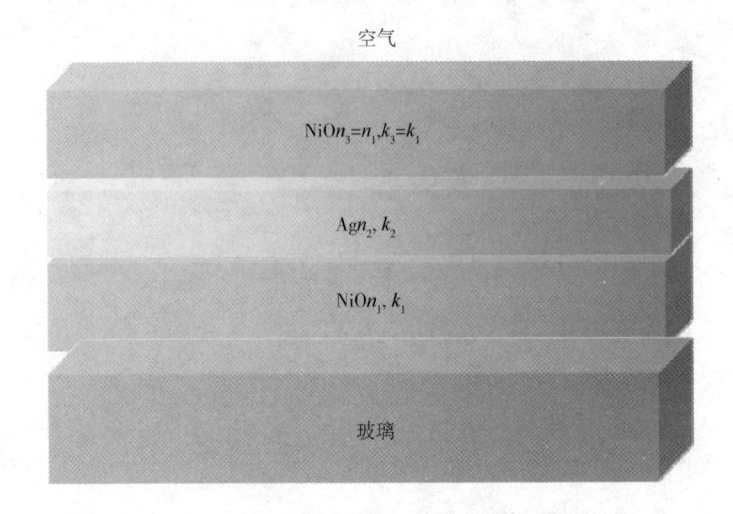

图 2-2　NAN 叠层透明导电薄膜的层状结构图

角相厚度 δ_j 满足：

$$\delta_j = \frac{2\pi}{\lambda} n_j d_j \cos\theta_j \qquad (2-3)$$

其中 θ_j 为 Snell 入射角。n_j 表示叠层薄膜各层的折射率,而折射率与入射波长是相关的。d_1、d_2、d_3 分别代表和衬底接触的 NiO 的厚度、Ag 的厚度和空气接触的 NiO 的厚度。

因此,透过率可以通过式(2-4)算出：

$$T = \frac{4\eta_0 \eta_4}{(\eta_0 B + C)^2} \qquad (2-4)$$

由于考虑的情况是光垂直入射的情况,所以：

$$\delta_j = \frac{2\pi}{\lambda} n_j d_j \qquad (2-5)$$

同时 $n_j = N_j$。因此通过令 $j=1,2,3$,$N_1 = N_3 = n_1(\lambda) - ik_1(\lambda)$,$N_2 = n_2(\lambda) - ik_2(\lambda)$,(Ag 与 NiO 的光学参数分别见参考文献),就可以得到模拟的薄膜透射光谱图。

叠层透明导电薄膜的每一层材料的厚度都影响着薄膜的光电性质。其中,中间的金属层厚度为 10nm 时,薄膜从绝缘状态转变成导电性能较好的状态。薄膜的这一改变主要是中间金属层的作用,当厚度达到 10nm 时,金属层的连续性变好,导

第 2 章　新型高性能 NiO/Ag/NiO 叠层透明导电薄膜的制备及其在有机太阳能电池上的应用

电性增加。但如果继续增加金属层的厚度,薄膜的透过率就会下降。因此为了得到光电性能都好的透明导电薄膜,实验中,我们将中间 Ag 层的厚度(d_2)固定为 11nm。与此同时,为了优化 NAN 薄膜的光学性质,我们改变 Ag 两侧 NiO 的厚度(d_1和d_3),并计算了 d_1 和 d_3 两层在不同厚度时 NAN 薄膜在可见光区域(400~800nm)的平均透过率,如图 2-3 所示。从图中可以看到,可以通过改变两层 NiO 的厚度来调节 NAN 薄膜的透过率。随着 NiO 厚度的增加,NAN 薄膜的平均透过率先逐渐增加,之后又逐渐降低。当两层 NiO 厚度为 35nm 的时候,平均透过率增加到了最高值为 80%。在 400~800nm 可见光区域内,Ag 两侧 NiO 不同厚度下的模拟平均透过率的数值见表 2-2。

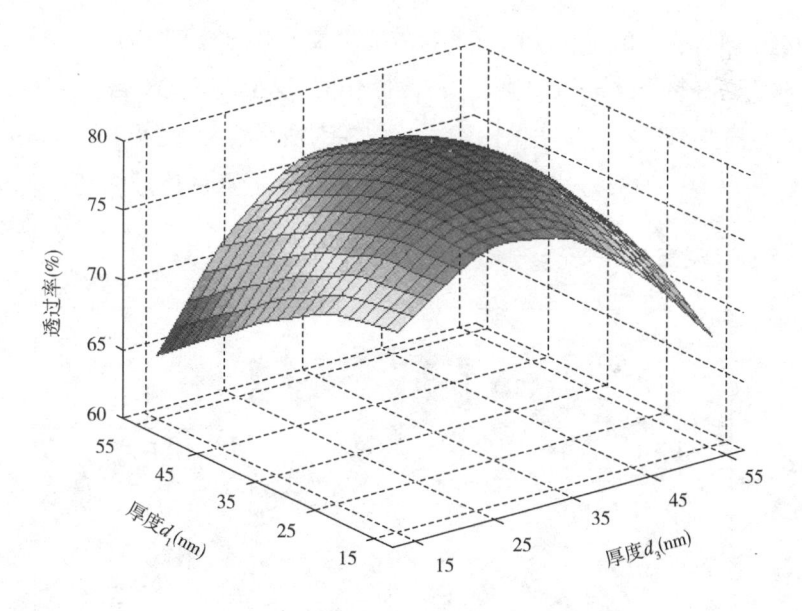

图2-3　NAN 薄膜在 400~800nm 的模拟平均透过率,其中 d_1 和 d_3 为 Ag 两侧 NiO 的厚度,Ag 的厚度固定为 11nm

表 2-2　NiO(d_1)/Ag(11nm)/NiO(d_3)叠层透明导电薄膜在可见光区域 400~800nm 的模拟平均透过率(%)

d_3 \ d_1	15nm	25nm	35nm	45nm	55nm
15nm	74.29	78.17	77.96	74.00	67.85
25nm	73.45	78.25	79.50	76.72	71.17
35nm	71.08	77.19	79.88	77.97	72.68

续表

d_3 \ d_1	15nm	25nm	35nm	45nm	55nm
45nm	67.83	75.06	78.59	77.09	72.00
55nm	64.46	72.22	75.87	74.53	69.69

为了证明 NAN 模拟透过率的结果,用电子束制备了不同厚度 NiO 的 NAN 透明导电薄膜,其中 Ag 两侧的 NiO 为一样的厚度,分别为 15nm、25nm、35nm、45nm、55nm,Ag 的厚度固定为 11nm。发现测得的 NiO 在不同厚度下的透射光谱与模拟的光谱图是基本一致的,如图 2-4 所示。从图中可以看出,NiO(35nm)/Ag(11nm)/NiO(35nm)的可见光区域平均透过率是最好的,在 590nm 处得到最高透过率为 82%。在接下来的试验中,选择该优化的 NAN 为研究对象。之后将 NAN 的透过率与商业 ITO 的透过率做比较,如图 2-5 所示。NAN 薄膜在 400~700nm 可见光区域内的平均透过率为 79%,略低于 ITO 在同样的区域内的平均透过率(85%)。

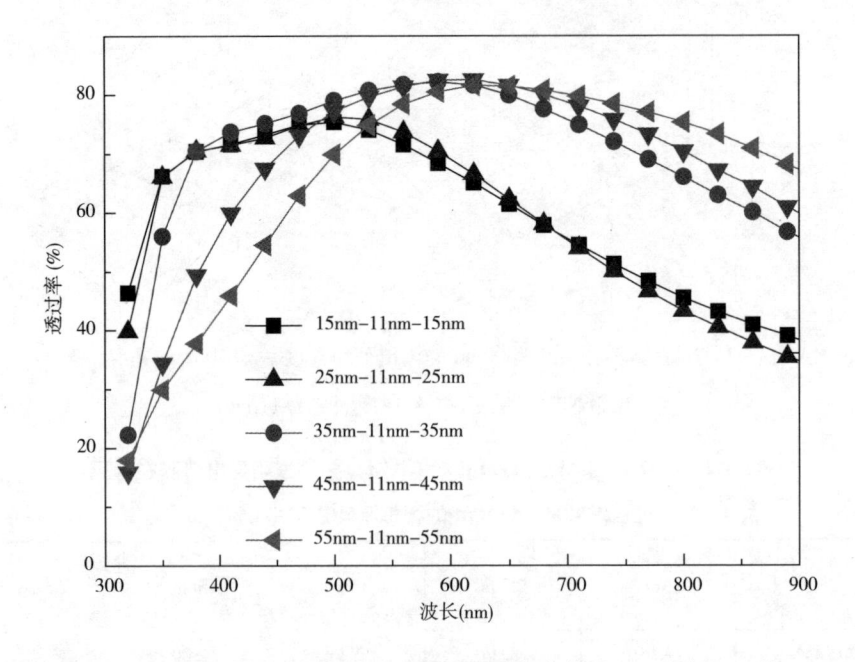

图 2-4 NiO 不同厚度下的 NAN 薄膜的透射光谱图。Ag 两侧 NiO 的厚度一样,Ag 的厚度固定为 11nm

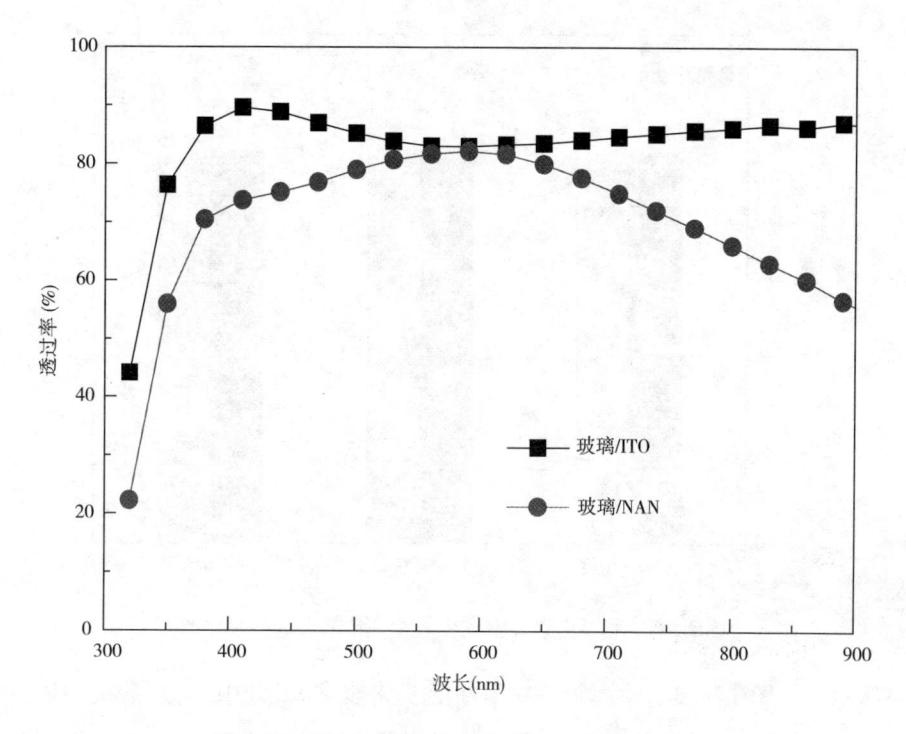

第2章 新型高性能 NiO/Ag/NiO 叠层透明导电薄膜的制备及其在有机太阳能电池上的应用

图 2-5 NiO(35nm)/Ag(11nm)/NiO(35nm) 与商业 ITO 薄膜的透射光谱对比图

2.3.2 NAN 薄膜的电学性能及其稳定性

为了了解 NAN 叠层透明导电薄膜的电学性能,分别用霍尔测试仪与四探针电阻计测量了其载流子浓度、霍尔迁移率、电阻率以及面电阻。NAN 的载流子浓度、霍尔迁移率、电阻率分别为 $-7.371\times10^{21}\text{cm}^{-3}$,$13.73\text{ cm}^2/(\text{V}\cdot\text{s})$,$6.169\times10^{-5}$ $\Omega\cdot\text{cm}$。面电阻只有 $7.6\Omega/\text{m}^2$。之后我们将其放置在空气中一年后再次测量样品的载流子浓度、霍尔迁移率、电阻率,并与一年前测得的结果作对比,如图 2-6 所示。从图中可以看出,薄膜的电学性能变化很小,其中电阻率只提高了 1.8%。这说明 NAN 叠层透明导电薄膜具有很好的环境稳定性。

为了考察 NAN 薄膜的温度湿度稳定性,将其放入恒温恒湿箱,温度为 60℃,湿度为 90%,放置了 24h 后测量其载流子浓度、霍尔迁移率、电阻率,并将结果与放置之前的结果作对比,如图 2-7(a)所示。从图中可以看出,NAN 薄膜的电学性能相当稳定,载流子浓度、霍尔迁移率以及电阻率几乎没有改变。为了作对比,将 10nm 厚的 Ag 薄膜放入同样条件下的恒温恒湿箱,24h 后取出测量其变化,如图 2-7

31

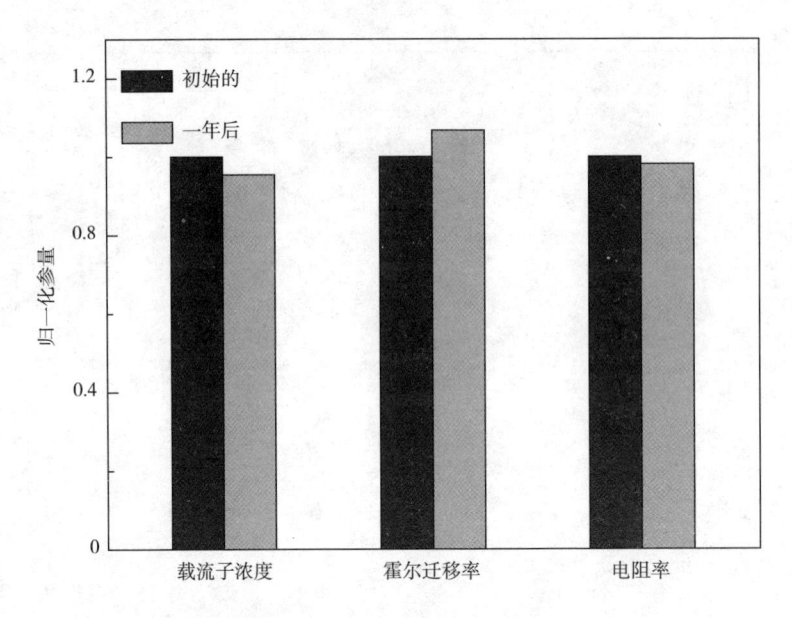

图 2-6 NAN 电极在空气中放置一年前后的归一化图

(b)所示。从图中可知，Ag 薄膜的电学性能变化非常大，其中 Ag 薄膜的电阻率上升了 30%。图 2-7(a)与 2.7(b)对比可以说明，NAN 薄膜比 Ag 薄膜的温湿度稳

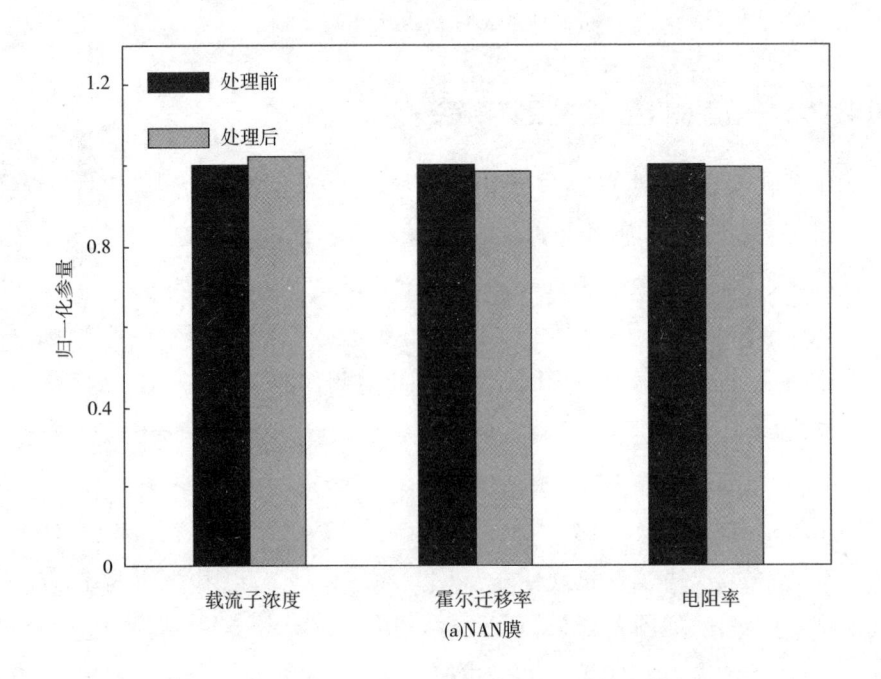

(a)NAN膜

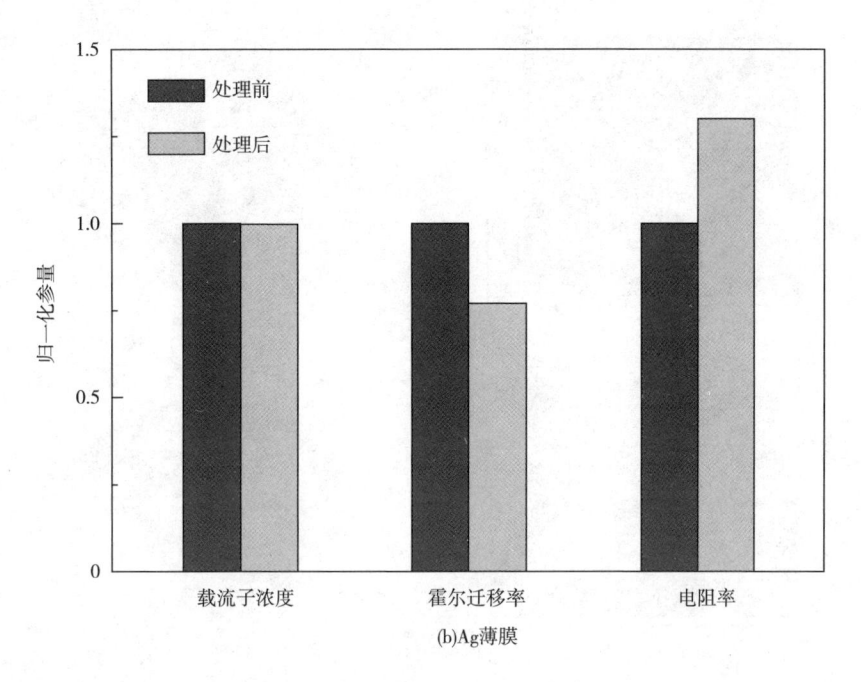

图2-7 NAN与Ag薄膜放入恒温恒湿箱24h后与放入之前的归一化图

定性更高,同时也说明Ag层两侧的NiO薄膜不仅能起到调节透过率的作用,还能对Ag层起到保护作用。总而言之,NAN电极具有很好的环境稳定性和温湿度稳定性,很适合用其作为电极制备性能优异的有机太阳能电池。

2.3.3 NAN薄膜的表面形貌

表面粗糙度和功函数是高效有机太阳能电池中的透明电极的两项重要的参数。图2-8是ITO及NAN电极的原子力显微镜照片,从图中可以看到,ITO的表面形貌为鳞片状,有明显的缺陷,晶粒尺寸较大,约为200nm,表面粗糙度达2.53nm;相比而言,NAN的表面形貌细如小米,无明显缺陷,颗粒尺寸小,在10~30nm,表面粗糙度仅1.73nm。图2-9为NAN薄膜的扫描电镜图,可见其表面均匀、粒径小,与AFM测试结果一致。

NiO材料的在用不同的方法制备下呈现不同的功函数,一般在4.5~5.6eV。在这里采用的是电子束蒸镀的方法,制备出来的NAN电极用开尔文探针测得的结果为4.7eV。所以在下一步用NAN做阳极制备有机太阳能电池时,采用了PEDOT:PSS阳极界面缓冲层,以提高电极的功函数,使其与活性层的能级相匹配。

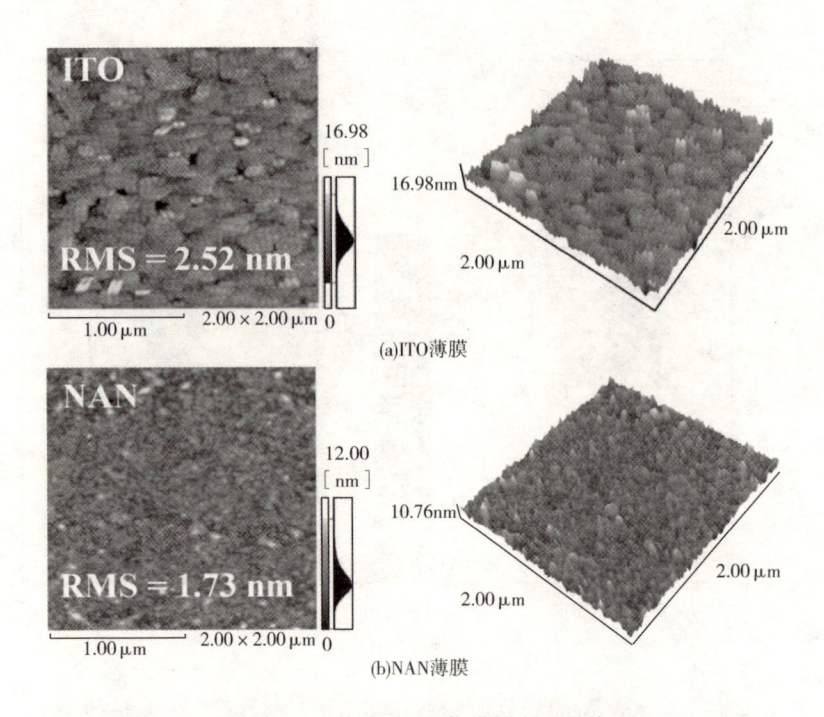

图 2-8　ITO 与 NAN 薄膜的表面形貌

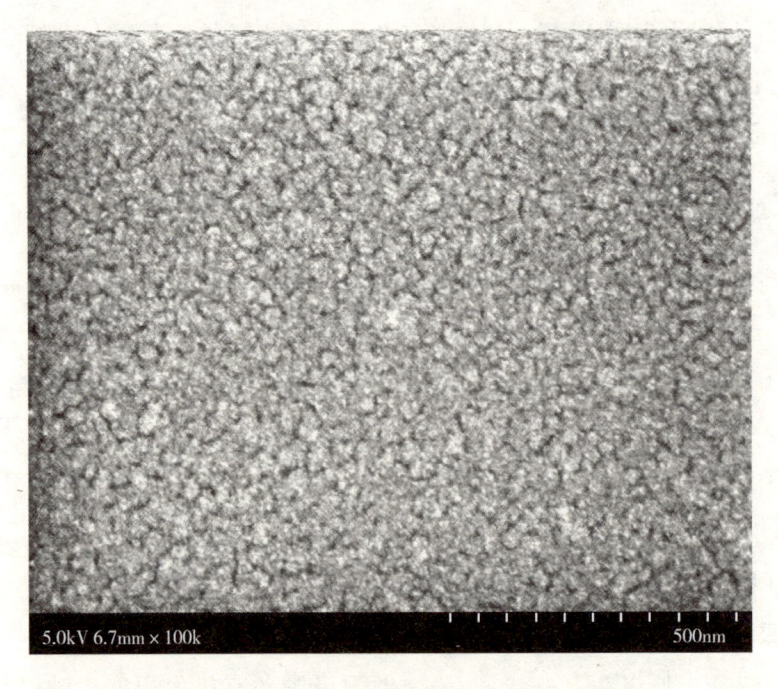

图 2-9　NAN 叠层透明导电薄膜的扫描电镜图

2.3.4 NAN 薄膜在有机太阳能电池中的应用

鉴于 NAN 叠层透明导电薄膜高透过率、高电导性、均匀平整的表面形貌等优异的性能,将其作为阳极制备成了正置结构的有机太阳能电池。同时用商业 ITO 做出的器件作对比。器件的结构为 NAN（或 ITO）/ PEDOT：PSS/PBDTTT－C：PC$_{70}$BM（1:1.5）/LiF/Al,如图 2－10(a)所示。其中 ITO 与 NAN 的有效区域是 0.12 cm^2,电极的形状分别是通过光刻和在蒸镀的时候用掩模板来实现的。图 2－9(b)是以其为电极制备成的太阳能电池的 J—V 特性曲线。如图所示,在没加 PEDOT：PSS 之前,因为 NAN 与 ITO 的功函数相同,所以以它们为电极的 V_{oc} 也相同,都为 0.48V。但由于 NAN 的表面形貌比 ITO 的更为平整,所以以 NAN 为电极的太阳能电池的填充因子比 ITO 要高 44%,以 NAN 为电极的太阳能电池效率要高于 ITO 为电极的电池。为了提高器件整体的效率,在 NAN 电极和 ITO 电极表面加了 PEDOT：PSS 阳极界面缓冲层,加了 PEDOT：PSS 缓冲层后电极的功函数得到了提升,两个器件的 V_{oc} 都从 0.48V 提高到了 0.70V;且由于 PEDOT：PSS 的修饰作用,ITO 电极的表面被修饰的更为平整,弥补了 ITO 作为阳极存在的缺陷,使以其为阳极的太阳能电池的填充因子 FF 得到了大幅度提高,由 0.36 提高到了 0.60,

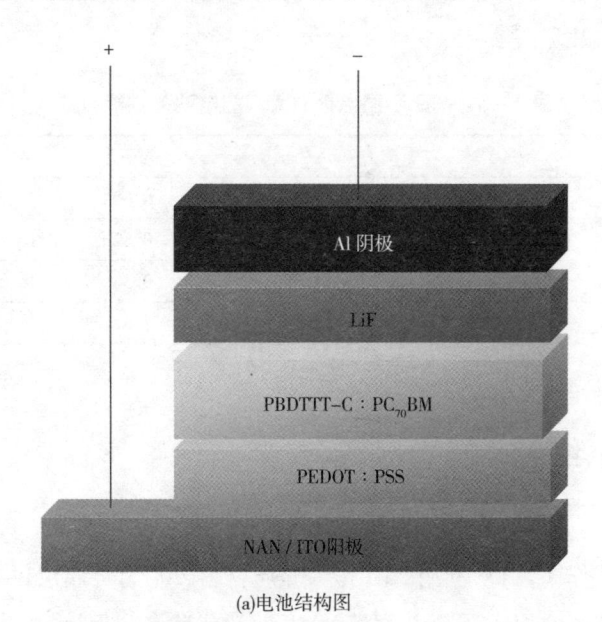

(a)电池结构图

图 2－10

(b)电池的 J—V 特性曲线

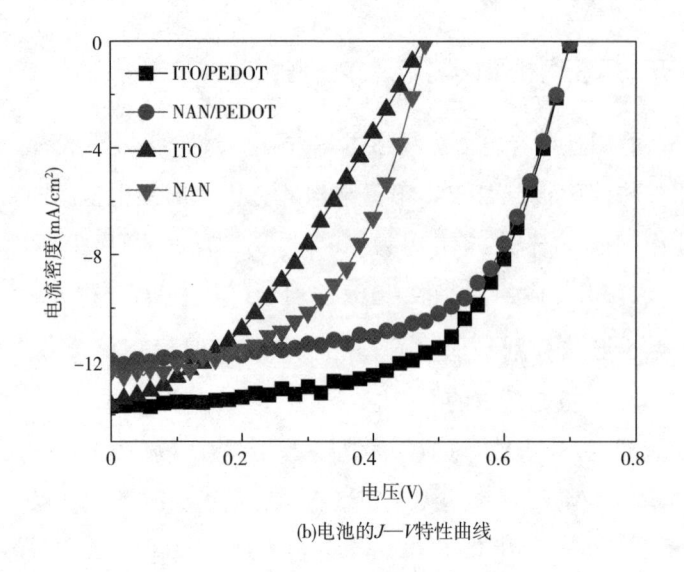

图2-10 以 NAN 或 ITO 为电极的太阳能电池结构图和电池的 J—V 特性曲线

但是以 NAN 为电极的器件的填充因子 FF 还是略高于以 ITO 为电极的器件的填充因子。不过由于 NAN 的平均透过率要略低于 ITO 的透过率,限制了有机层对光的吸收,所以以 NAN 为电极的器件的 J_{sc} 要略低一些。因此以 NAN 为电极的器件的效率也略低一些,但由于填充因子弥补了上述不足,所以性能相差并不是很大。器件的具体性能参数见表 2-3。

表 2-3 基于不同电极的太阳能电池的性能参数

电极	V_{oc}(V)	J_{sc}(mA/cm^2)	FF	PCE(%)
ITO/PEDOT	0.70	-13.67	0.60	5.76
NAN/PEDOT	0.70	-11.95	0.62	5.20
ITO	0.48	-13.63	0.36	2.34
NAN	0.48	-12.38	0.52	3.10

2.4 本章小结

这一部分工作中,首次利用 NiO 作为介质材料,Ag 为金属层,用电子束蒸发方法制备了高性能的叠层透明导电薄膜 NAN,通过优化各层厚度,得出 NiO(35nm)/Ag(11nm)/NiO(35nm)为最佳性能的 NAN 薄膜。其最大透过率为 82%

第 2 章　新型高性能 NiO/Ag/NiO 叠层透明导电薄膜的制备及其在有机太阳能电池上的应用

(590nm),面电阻只有 $7.6\Omega/m^2$,功函数为 4.7eV。NAN 薄膜不仅具有良好的透过率和电导率,同时还具有很好的环境稳定性和温湿度稳定性,以及比商业 ITO 更为平整的表面形貌,这些方面说明 NAN 薄膜满足商业化对透明导电薄膜性能的基本要求。此外,以其为阳极的有机太阳能电池的效率为 5.20%,其性能几乎可以与以商业 ITO 为阳极的太阳能电池性能相媲美(5.76%)。

第3章 NiO/Ag/NiO 叠层透明导电薄膜性能的优化及应用

3.1 引言

有机太阳能电池由于具有重量轻、柔性易弯曲、价格低以及适合大面积生产等优点而受到人们的关注。也正因为它有这样的优点，所以它有望成为一种廉价易用的可再生能源。特别是有机太阳能电池还可以制备成柔性太阳能电池，并可以应用在日常生活的很多地方，比如衣服、帐篷、背包以及可折叠的便于携带的柔性充电器等。近年来，有机太阳能电池在器件技术方面和新材料合成方面进步很快，电池的能量转换效率已经超过10%，但柔性太阳能电池的发展却非常缓慢，缺少光电性能良好的柔性透明电极是其中的主要原因之一。现阶段，具有良好的光电性能的低成本的新型柔性透明电极的研制仍然是一项颇具挑战性的工作。

DMD 叠层透明导电薄膜不仅制备成本低、可选择材料范围广，而且它在制备的过程中不需要加热，在室温条件下就可以制备出具有良好光电性能的薄膜，因此 DMD 叠层透明导电薄膜非常适合作为柔性电极应用在柔性太阳能电池中。除此之外，DMD 还可以通过选择不同的介质来调节电极的功函数，所以 DMD 电极可以作阴极、阳极，还可以作为串联太阳能电池的中间电极。基于 DMD 为电极的柔性太阳能电池的性能已经可以和基于 ITO 为电极的刚性太阳能电池相媲美了。但是，目前大多数高功函 DMD 阳极的介质层在界面处都不具备电子阻挡功能。近来，NiO 作为界面材料被人们所研究，人们发现这一材料不仅能够有效的传输空穴，还能阻挡电子。但是 NAN 的功函数并没有预想中那么高，和 ITO 一样大，约为 4.7eV，远低于大多数的活性层材料 HOMO 能级。

在上一章通过加入 PEDOT：PSS 阳极缓冲层来解决 NAN 的功函数偏低和界面接触的问题。但 PEDOT：PSS 需要 120℃退火，不适合用于柔性太阳能电池中。在这一章里，通过用紫外臭氧处理的方法提高了 NAN 电极的功函数，并在柔性衬底上制备了 NAN 电极，研究了柔性 NAN 电极的耐弯折性能。除此之外，分别用 NAN 和 ITO 作电极制备了柔性太阳能电池，研究比较了以 NAN 和 ITO 为电极的柔性太阳能电池的稳定性。

3.2 实验方法

本章实验分为两个部分，第一部分是制备 NAN 电极，第二部分是制备以 NAN 和 ITO 为电极的太阳能电池。NAN 电极是用电子束蒸镀的方法制备的，柔性和刚性 NAN 电极所选用的基底分别是 PET 和玻璃。在制备电极之前需要将玻璃进行清理，将乙醇和乙醚(1:1)的混合溶液滴在玻璃片上，用纱布擦拭干净后放在片架上待用。PET 基底是上面有一层保护膜，在制备之前撕掉保护膜放到样品架子上即可。需要注意的是，基底会吸附灰尘，在空气中放置的时间不宜过长。根据第 2 章对 NAN 电极的优化，我们知道，电极的结构为 NiO(35nm)/Ag(11nm)/NiO(35nm)时，薄膜的光电性能最佳。所以本章 NAN 的结构均为 NiO(35nm)/Ag(11nm)/NiO(35nm)。其中 NiO 和 Ag 的蒸发速率分别为 0.09~0.12nm/s 和 0.7~1.0nm/s。准备好 NAN 电极后，对 NAN 进行 UVO 处理。UVO 处理后 NAN 薄膜的功函数是通过开尔文探针 KP(Technology Ambient Kelvin Probe System Package)测量的。其中 NAN 和 ITO 的透射光谱是用岛津 UV – 3101PC 分光光度计测量的。

在准备好实验第一部分后，开始进行第二部分。先配置 PBDTTT – C：$PC_{70}BM$ 溶液，将 1:1.5 的 PBDTTT – C：$PC_{70}BM$，加 3% 的 DIO 溶于二氯苯中，之后放在 60℃的热台上搅拌。然后刻蚀和清洗分别以玻璃和 PET 为基底的 ITO 薄膜，这两种 ITO 是直接购买得到的。先将 ITO 表面清洗干净，然后开始刻蚀，我们采用的是正胶，匀胶机转速为 2500r/min，时间为 45s。之后放入 75℃烘箱中烘 15min，之后在有胶的那面盖上光刻板模板放到光刻机上曝光 35s，最后将曝光过的片子进行显影，显影是放在 0.5% 的 NaOH 中。光刻好的 ITO 需要用丙酮和酒精交替反复超声清洗,清洗干净的 ITO 进行烘干备用。

准备好 UVO 后的 NAN 电极和光刻好的 ITO 电极后,将它们放入充满氮气的手套箱中,用滤头将配好的 PBDTTT–C:PC$_{70}$BM 溶液滴在电极表面,以 900r/min 旋转 2min。之后将样品放入真空镀膜室内,蒸镀 1nm LiF 和 100nm Al。最后太阳能电池的 J—V 性能测试采用的是太阳能模拟器和 Keithley 2611 数字源表。EQE 采用的是 IPCE 测试系统。

3.3 结果与讨论

3.3.1 NAN 薄膜功函数的优化

上一章通过一系列实验得出 NiO(35nm)/Ag(11nm)/NiO(35nm) 结构的 NAN 薄膜不仅具有良好的透射率和电导率,同时还具有很好的环境稳定性和温湿度稳定性以及比商业 ITO 更为平整的表面形貌。但是 NAN 薄膜的功函数只有 4.7eV,不能与有机层的 HOMO 能级相匹配,所产生的势垒影响了载流子的提取,并间接产生了焦耳热,两者对器件的效率都有负面影响。所以在上一章通过加入 PEDOT:PSS 缓冲层来解决这一问题。但如果能提高 NAN 电极本身的功函数,制备出高功函数的 NAN 电极,就不需要额外引入缓冲层,也可以提高器件的效率。

NiO 材料在不同的制备方法下呈现不同的功函数,一般在 4.5~5.6eV。这里采用的是电子束蒸镀的方法,制备出来的 NAN 电极用开尔文探针测得的结果为 4.7eV。文献报道称作为阳极缓冲层,NiO 的功函数可以通过紫外臭氧处理(UVO)的方法得到提高。因此,预期 UVO 的处理方法也会提高 NAN 电极的功函数。如图 3–1 所示,随着 UVO 处理时间的增加,NAN 电极的功函数也随之增大。当 NAN 电极经过 10min 紫外臭氧处理(UVO)后,其功函数提高到了 5.3eV。这是由于 NiOOH 这种物质的形成导致偶极子的形成,从而提高了 NAN 电极的功函数。NAN 电极功函数的提高使其和有机层的 HOMO 能级之间的势垒减小,这也就表明电极和有机层之间形成了近似的欧姆接触,从而在不加其他界面层的情况下提高了器件的开路电压(V_{oc})。

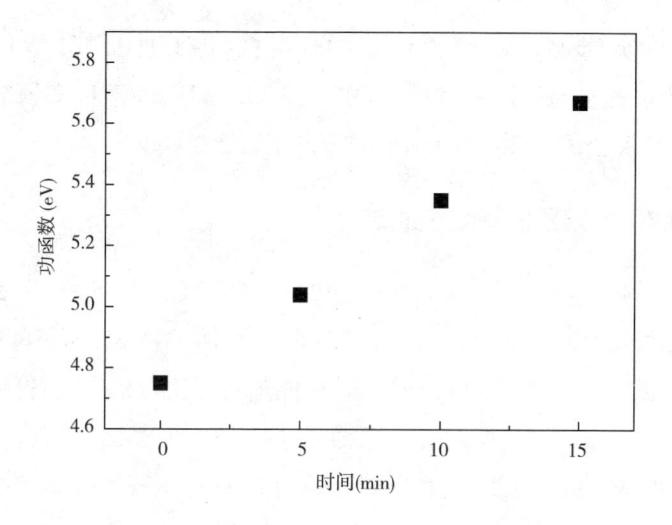

图 3-1　NAN 薄膜的功函数与薄膜紫外臭氧处理(UVO)时间的关系

3.3.2　柔性 NAN 薄膜的光学性能

为了了解制备在不同基底上的 NAN 和 ITO 薄膜的透射光谱的变化,测量了玻璃/ITO、PET/ITO、玻璃/NAN 以及 PET/NAN 的透射光谱图,如图 3-2 所示。四种电极在 400～700nm 可见光区的平均透过率分别为 85%、82%、79% 和 77%。相比

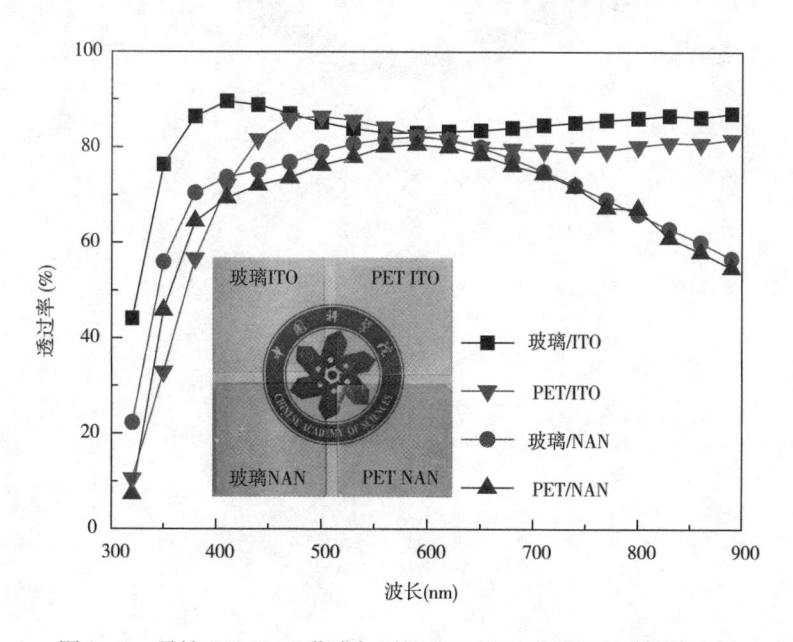

图 3-2　柔性 ITO,NAN 薄膜与刚性 ITO,NAN 薄膜透射光谱对比图

于刚性的电极(玻璃/ITO,玻璃/NAN),柔性电极(PET/ITO,PET/NAN)在400~700nm可见光区的平均透过率略低,这主要是PET衬底的透过率较低而导致的。此外,与ITO电极相比,NAN电极的平均透过率略低一些。

3.3.3 柔性NAN薄膜的稳定性测试

柔性电极的力学稳定性对柔性器件的性能有很大的影响,因此在制备器件之前我们对柔性NAN和ITO进行了耐弯折性能的测试,弯折的角度为90°,如图3-3所示。NAN和ITO电极的电学性能随弯折次数的变化曲线见图3-4,从图中可以看出,柔性NAN电极即使在弯折了2000次,它的载流子浓度、霍尔迁移率以及电阻率几乎没有多少变化。而它的面电阻也只是从$7.6\Omega/sq$增加到$9.8\Omega/m^2$。相比之下,由于ITO薄膜的脆性较大,柔性ITO在仅仅弯折了200次以后,它的面电阻就由$38\Omega/m^2$增加到了$414.4\Omega/m^2$。此外,柔性ITO的霍尔迁移率由$41.29cm^2/(V\cdot s)$降到了$2.15cm^2(V/s)$。结果表明,制备的柔性NAN电极比柔性ITO电极的柔韧性能更高一些,更耐弯折,所以更适合作为柔性电极。

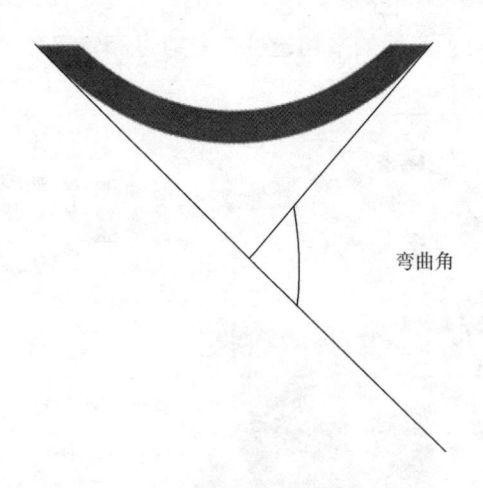

图3-3 弯曲角度90°

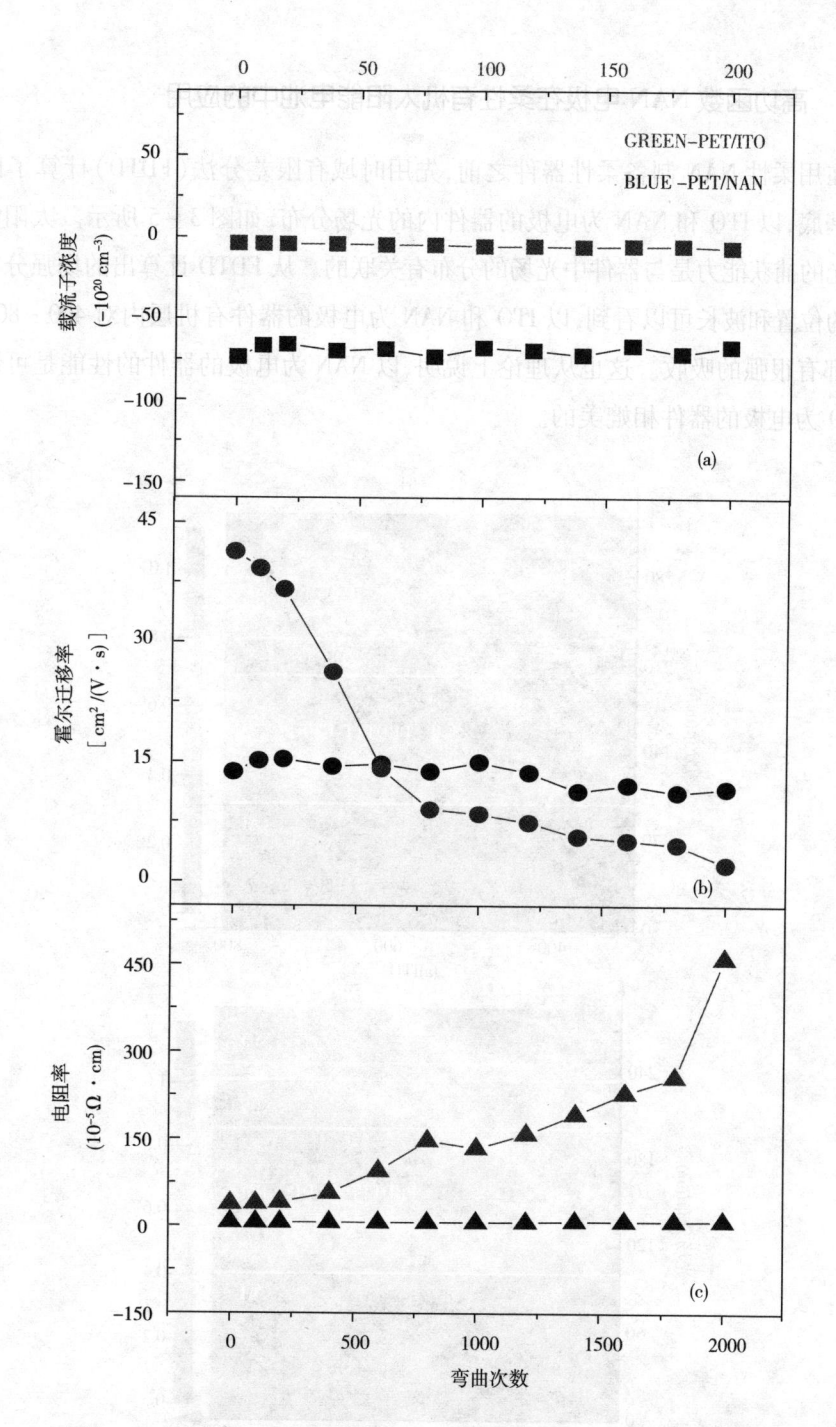

图 3-4 柔性 ITO 和柔性 NAN 的(a) 载流子浓度、(b) 霍耳迁移率和
(c) 电阻率等电学性能随弯折次数的变化关系

3.3.4 高功函数 NAN 电极在柔性有机太阳能电池中的应用

在用柔性 NAN 制备柔性器件之前,先用时域有限差分法(FDTD)计算了以玻璃为基底,以 ITO 和 NAN 为电极的器件内的光场分布,如图 3-5 所示。太阳能电池中光的捕获能力是与器件中光场的分布有关联的。从 FDTD 计算出的场强分布图对应的位置和波长可以看到,以 ITO 和 NAN 为电极的器件有机层内对 400~800nm 的光都有很强的吸收。这也从理论上说明,以 NAN 为电极的器件的性能是可以与以 ITO 为电极的器件相媲美的。

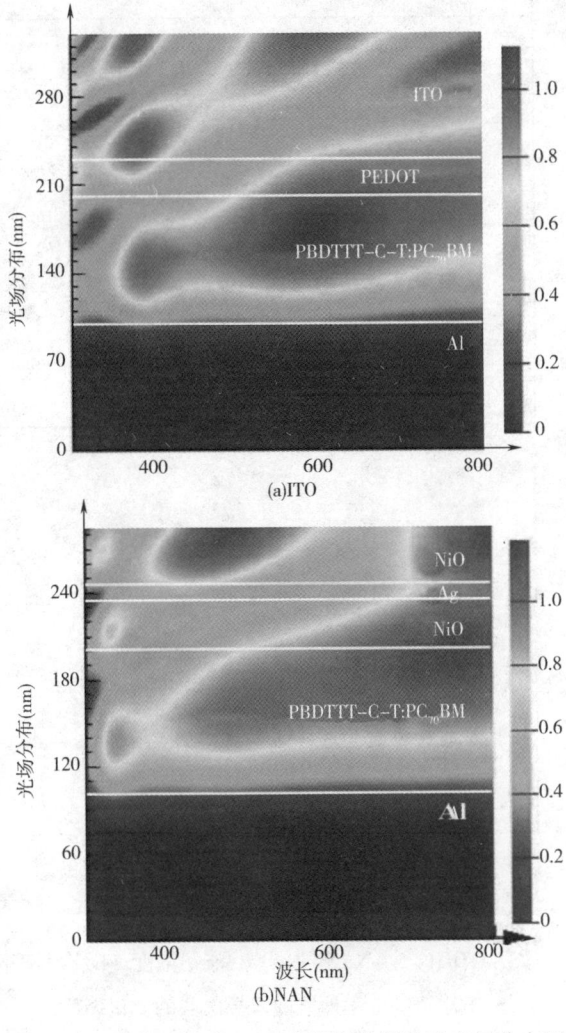

图 3-5 计算 ITO 和 NAN 为阳极的器件的光场分布图

第3章 NiO/Ag/NiO 叠层透明导电薄膜性能的优化及应用

实验时,分别用玻璃/ITO、PET/ITO、玻璃/NAN 以及 PET/NAN 作为电极制备了太阳能电池。器件的结构如图 3-6 (a) 所示。值得一提的是,NAN 电极采用 UVO 处理 10min 后,功函数提高到 5.3eV。因此器件中省去了 PEDOT：PSS 阳极界面修饰层。我们也制备了以 ITO/PEDOT：PSS 为电极的器件作为对比。图 3-6 (b) 给出了器件各层材料的能级。

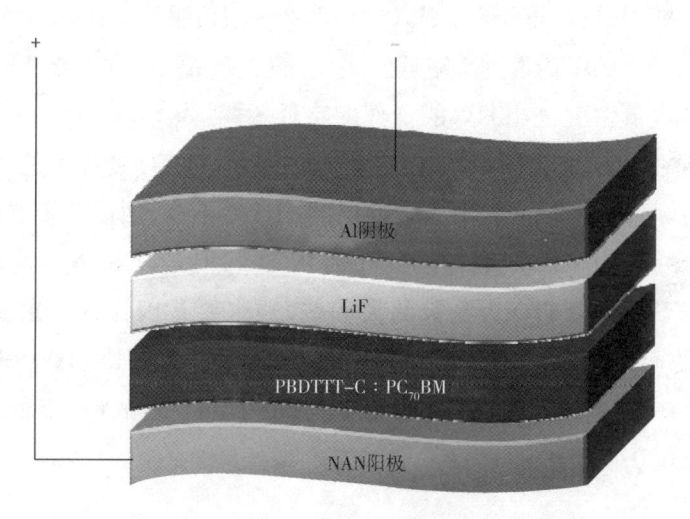

(a) 以NAN为阳极的器件结构图

(b) 器件各层材料的能级图

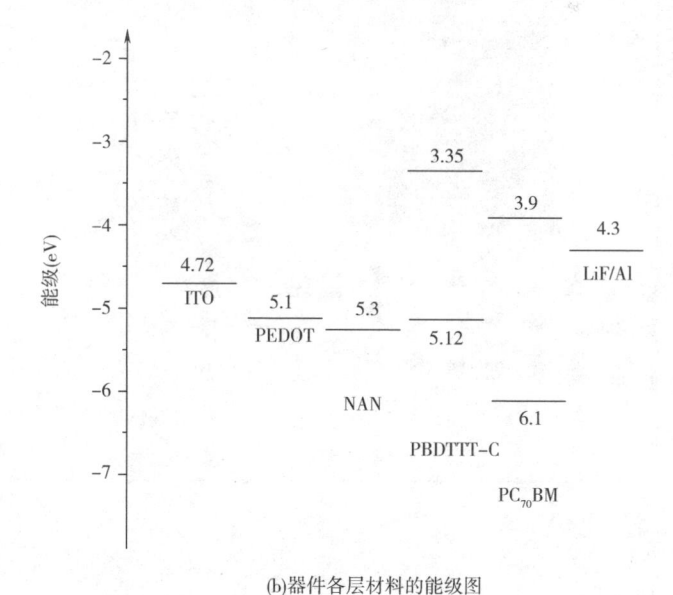

图 3-6 电池结构及性能

图 3-7 是 100mW/cm² 1.5G 照射下太阳能电池的 J—V 特性曲线和 EQE 光谱。太阳能电池的具体性能参数见表 3-1。以玻璃/ITO 为阳极的太阳能电池用 PEDOT:PSS 做空穴传输层，它的 PCE 效率为 5.90%，短路电流密度 J_{sc} 为 13.92 mA/cm²，开路电压 V_{oc} 为 0.70 V，填充因子 FF 为 0.61。以玻璃/NAN 为电极的太阳能电池，由于 UVO 处理过的 NAN 电极的功函数可以与有机层的 HOMO 能级相匹配，所以不需要加入 PEDOT:PSS 阳极缓冲层；由于 NAN 电极的平均透过率比 ITO 的平均透过率略低一些，影响了有机层对光的吸收，所以得到的器件的短路电流密度也比 ITO 的器件的略低一些，为 13.37mA/cm²。这一结果也同样体现在 EQE 光谱图中，如图 3-7(b)所示。UVO 处理后的 NAN 电极的功函数与加入 PEDOT:PSS 阳极缓冲层的 ITO 差不多，所以两个器件的开路电压差不多，NAN 为电极的开路电压 V_{oc} 为 0.71V；但是以 NAN 为电极的器件的填充因子 FF 要比以 ITO 为电极的大一些，这主要是因为 NAN 电极的面电阻要比 ITO 的面电阻小一些，且 NAN 电极的表面形貌要比 ITO 电极更为平整，最终以 NAN 为电极的器件得到了比以 ITO 为电极的略高一点的光电转化效率 PCE，为 6.07%。

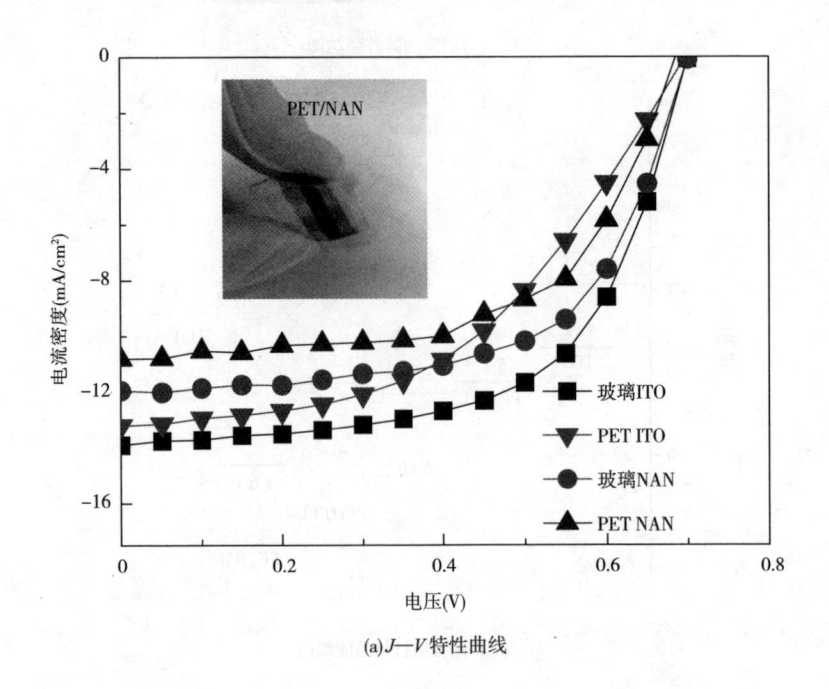

(a) J—V 特性曲线

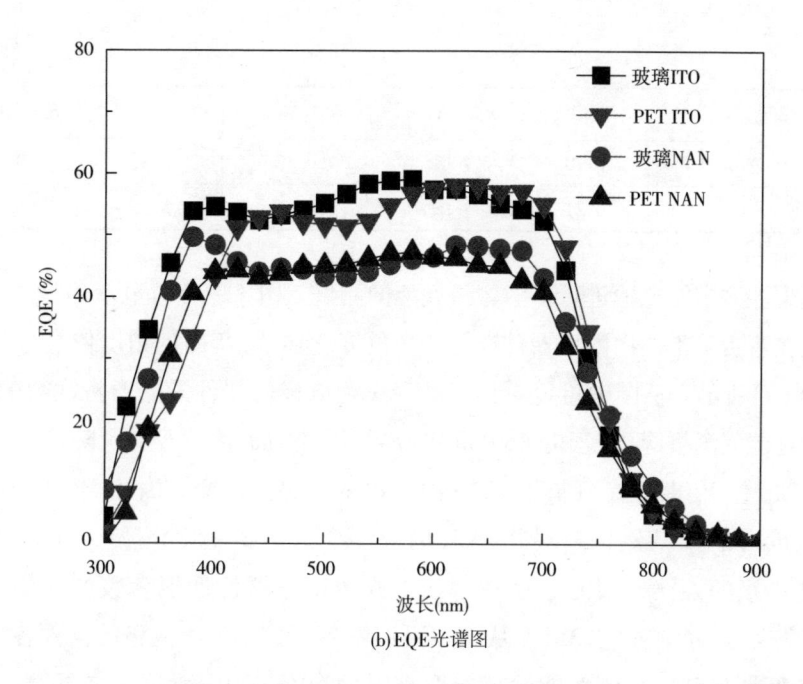

第3章 NiO/Ag/NiO 叠层透明导电薄膜性能的优化及应用

(b) EQE光谱图

图 3-7 不同基底下分别以 ITO 和 NAN 为电极的太阳能电池的性能图

同样,以柔性 PET/ITO 为电极的器件也加了阳极缓冲层 PEDOT:PSS,器件的 PCE 为 4.42%,J_{sc} 为 13.20 mA/cm,V_{oc} 为 0.70V,FF 为 0.48。而以柔性 PET/NAN 为电极的太阳能电池得到了比 PET/ITO 更高的 PCE 效率 5.55%,J_{sc} 为 12.91mA/cm^2,V_{oc} 为 0.71V,FF 为 0.61。这四组器件的串联电阻见表 3-1。通过数据对比可以看出,ITO 器件的串联电阻要比 NAN 的大一些,玻璃/ITO 的器件串联电阻为 5.2Ω·cm^2,高于玻璃/NAN 的器件的串联电阻 4.6Ω·cm^2;而 PET/ITO 的器件串联电阻为 18.2Ω·cm^2,高于 PET/NAN 器件的串联电阻 6.4Ω·cm^2,这也就导致了以 NAN 为电极的器件的 FF 和 PCE 都要略高一些。而 PET/ITO 的串联电阻较大,也可能是在制备电池的过程中不可避免的轻微弯曲以及旋涂 PEDOT:PSS 后的退火处理造成的。

表 3-1 基于不同基底的太阳能电池的性能参数

电极	V_{oc}(V)	J_{sc}(mA/cm^2)	FF	PCE(%)	R_s(Ω·cm^2)
玻璃/ITO/PEDOT	0.70	-13.92	0.61	5.90	5.2
玻璃/NAN	0.71	-13.37	0.64	6.07	4.6

续表

电极	$V_{oc}(V)$	$J_{sc}(mA/cm^2)$	FF	PCE(%)	$R_s(\Omega \cdot cm^2)$
PET/ITO/PEDOT	0.70	-13.20	0.48	4.42	18.2
PET/NAN	0.71	-12.91	0.61	5.55	6.4

对柔性太阳能电池进行了耐弯折性能的测试。图3-8(a)显示的是柔性太阳能电池在弯折了不同次数后器件性能参数的变化曲线,弯曲的角度依然是90°,如图3-8(a)所示。从图中可以看出,以NAN为电极的器件随着弯折次数的增加,器件的性能逐渐下降,在弯折了1000次以后,器件的J_{sc}和FF分别降低了19.1%和13.1%,但V_{oc}即使在弯折了1000次以后依然保持不变。因此,器件在弯折了1000次以后PCE依然保持最初PCE的69.4%。图3-8(b)给出了以ITO和NAN为电极的柔性太阳能电池在弯曲不同角度下器件性能参数的变化。弯曲的角度分别为45°、90°、135°。从图中可以看到,以NAN为电极的器件各个参数即使在弯曲135°以后依然能保持未弯折时的50%以上;而相比之下,以ITO为电极的器件的各项参数在弯曲135°以后下降非常大,其中效率仅为未弯曲的10%左右。这一测试结果表明,以NAN为电极的柔性器件比以ITO为电极的柔性器件耐弯折性能好。

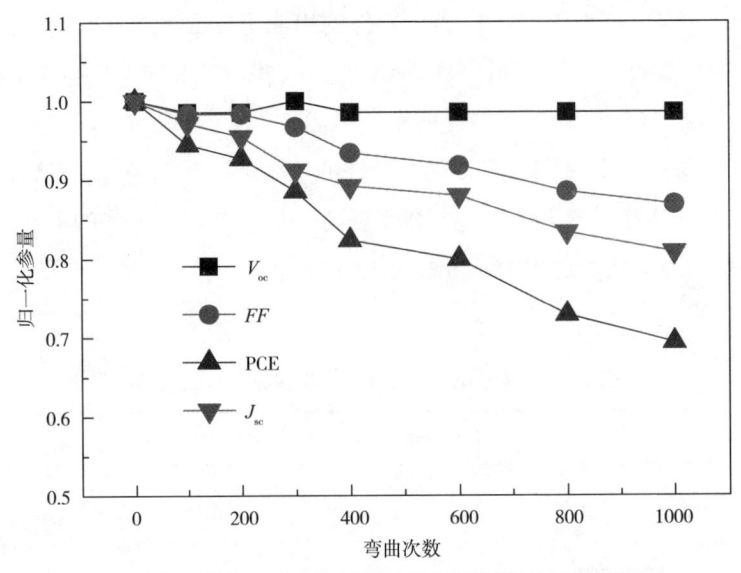

(a)以柔性NAN为电极太阳能电池的性能参数反复弯折测试图

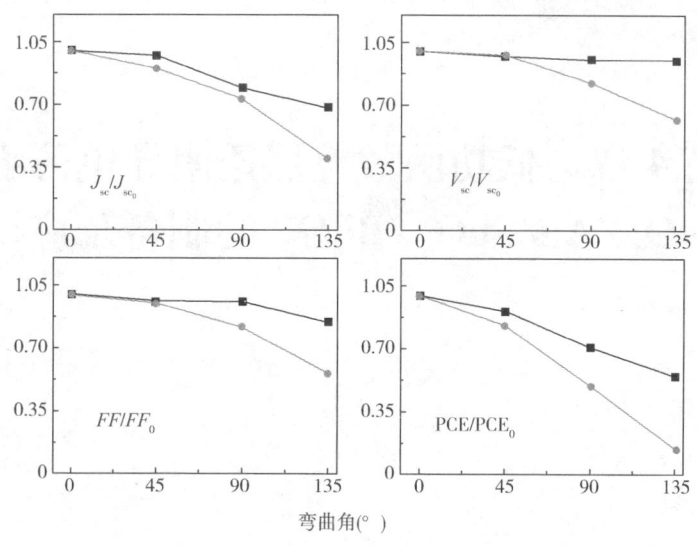

第3章　NiO/Ag/NiO 叠层透明导电薄膜性能的优化及应用

(b) 分别以柔性ITO (圆形)和柔性NAN (方形)为电极的太阳能电池的性能参数在弯折不同角度下的测试图

图 3-8　弯曲性能测试

3.4　本章小结

在这一部分工作中,通过紫外臭氧处理方法提高了 NAN 电极的功函数(从 4.7eV 到 5.3eV),以玻璃/NAN 和 PET/NAN 为电极的太阳能电池的效率分别为 6.07% 和 5.55%。以 NAN 为电极的柔性太阳能电池在未加空穴传输层PEDOT：PSS 阳极缓冲层的情况下效率比 PET/ITO/PEDOT：PSS 的器件高 26%。同时柔性 NAN 电极和以 NAN 为电极的柔性太阳能电池在弯折测试中都展示了很好的耐弯折性。这也就说明 NAN 电极具有通过卷对卷磁控溅射技术在柔性基底上大量生产的潜质。材料成本低且可以在室温下制备意味着 NAN 透明电极在高性能柔性太阳能电池中不仅是具有良好光电特性的无铟电极,同时也是性价比很高的柔性电极。

第4章 低功函数叠层透明导电薄膜 SnO$_x$/Ag/SnO$_x$/Bi$_2$O$_3$ 的制备及应用

4.1 引言

  基于有机薄膜的有机太阳能电池(OSC)、有机发光二极管(OLED)、有机薄膜晶体管(TFT)等光电器件具有成本低、轻薄、柔韧性好等特点,可开发出高性能的柔性电子消费产品,商业潜能巨大。性能优良的透明导电薄膜作为有机光电器件中的电极,起到载流子注入或提取的作用,对器件的性能影响非常大。透明导电薄膜作为电极,其功函数是个非常重要的性能指标。在 OPVs 和 OLEDs 中,透明导电薄膜如果是高功函数,将其用作阳极,因为高功函可以与有机层的 HOMO 能级匹配,降低势垒,提高器件的效率;同理,如果是低功函数薄膜,将其用作阴极,它可以与有机层的 LUMO 能级很好的匹配,也达到降低势垒,提高器件效率的作用。ITO 的功函数一般在 4.7~4.9eV。可以通过表面处理手段来提高其功函数,比如紫外臭氧处理(UVO)、气体等离子体,但这些方法都是用来提高电极功函数的方法。相对来说,低功函数的透明电极比较少见,常用的都是不透明的金属电极。降低电极功函数的常见方法是引入界面缓冲层。以 ITO 为例,ITO 表面用 N(C$_4$H$_9$)$_4$OH 溶液处理后,可以使 ITO 的功函数从 4.4eV 降低至 3.9eV。其他含有氨基的共轭小分子材料,例如 TDAE 也可以让 ITO 的功函数大幅度降低(0.9eV)。但是 TDAE 材料在空气中特别不稳定,易自发氧化。偶极分子通过化学吸附作用形成的自组装单分子层(SAMs)也可以改变金属和金属氧化物的功函数。但需要对表面进行特殊处理来提高它的吸附效果。这样的问题在无机修饰层如溶液加工的 Cs$_2$CO$_3$ 中也存在。聚乙烯氧化物和共轭聚合物同样可以降低功函数,但是降低的幅度很小,只有 0.3~

0.5eV。2012 年,Zhou 等发现 PEIE 材料可以降低多种电极的功函数,包括 ITO、PEDOT 等。除此之外,金属氧化物也可以降低电极功函数,例如 ZnO、TiO_2 等。但 Miyazaki,Ando 等对 ZnO/Ag/ZnO 多层膜的研究结果表明,潮湿可引起界面处 Ag 的部分迁移,导致 ZnO/Ag 界面结合力下降,引起顶层 ZnO 的起皱甚至脱落。

在本章中,通过实验发现 Bi_2O_3 可以有效地降低电极的功函数(0.5eV),是一种新型的有机光电器件的界面缓冲层。Bi_2O_3 是一种宽禁带半导体,其 E_g 在 2.40~3.69eV。与其他氧化物相比,Bi_2O_3 由于 Bi 6s 和 6p 态的贡献,价带相对比较高。当 Bi 的这些态与 O 的 2p 态相结合时,价带顶是由 Bi 与 O 共同作用构成的,迁移率也比其他材料更高一些。鉴于 Bi_2O_3 材料优异的光电特性,将其作为界面缓冲层修饰 ITO 电极,同时还获得了低功函数的叠层透明导电薄膜 SASB,SASB 的结构为 SnO_x(30nm)/Ag(11nm)/SnO_x(30nm)/Bi_2O_3(1nm),并用其作为阴极获得了高性能有机太阳能电池。

4.2 实验方法

本章的实验涉及的原材料 Bi_2O_3,是一种黄色的粉末,无气味,在空气中比较稳定。分子式为 Bi_2O_3,分子量为 465.96,不溶于水,但溶于强酸生成铋盐。它的熔点在 824℃,沸点在 1890℃。它的主要来源其实是炼铜或者炼铅时候的副产物。主要用于玻璃行业、化工行业、电子行业。其中应用最广的是在热敏电阻、压敏电阻、显像管以及氧化物避雷器等电子行业中。通过实验发现,Bi_2O_3 材料能降低电极的功函数,可以用作有机光电器件中的阴极界面缓冲层。除此之外,还用 Bi_2O_3 材料制备成了低功函数叠层透明导电薄膜 SASB,SASB 的结构为 SnO_x(30nm)/Ag(11nm)/SnO_x(30nm)/Bi_2O_3(1nm),并用其作为阴极制备成了高性能有机太阳能电池。

4.2.1 Bi_2O_3 界面层以及 SASB 电极的制备过程及测试方法

Bi_2O_3 界面层以及 SASB 电极均是采用电子束蒸镀的方法制备的。首先,介绍一下 Bi_2O_3 界面层的制备过程:在制备之前要先准备好刻蚀好的清理干净的 ITO 电极,将其放入电子束镀膜机中抽真空,当真空度抽到 2×10^{-3} Pa 时,开始镀 Bi_2O_3 界面层。Bi_2O_3 的厚度分别为 0.3nm、0.5nm、1nm、3nm、5nm。由于 Bi_2O_3 的厚度比较薄,为了保证它的均匀性能,Bi_2O_3 的蒸发速率比较慢,保持在 0.02nm/s。因为

镀 Bi_2O_3 材料时,材料是熔融的状态,所以速率保持很稳定。电极 SASB 的制备过程是先准备好干净的 K9 玻璃基底,之后放入电子束中。当真空镀抽到 $2×10^{-3}Pa$ 时,开始分别蒸镀 SnO_x、Ag、SnO_x、Bi_2O_3,蒸发速率分别为 0.3~0.4nm/s、0.7~1.0nm/s、0.3~0.4nm/s、0.02nm/s。SASB 薄膜中 Ag 两侧 SnO_x 的厚度固定为 30nm,Ag 的厚度固定为 11nm,Bi_2O_3 的厚度分别设定为 0.3nm、0.5nm、1nm、3nm、5nm。

制备好的 SASB 薄膜通过开尔文探针 KP(Technology Ambient Kelvin Probe System Package)测量了薄膜的功函数。通过四探针法测量了薄膜的面电阻。之后用 Shimadzu UV-3101PC 分光光度计测量了 SASB 及 ITO 薄膜的透过率。用 Shimadzu SPM-9700 原子力显微镜测量了 SASB、ITO、ITO/Bi_2O_3 的表面形貌。所有测试均是在室温空气中进行。

4.2.2　倒置太阳能电池的制备过程

以 ITO 为电极,Bi_2O_3 为界面层的倒置结构的太阳能电池的制备过程与以 SASB 为阴极的倒置结构的太阳能电池的制备过程相同,均是分别在准备好的 ITO/Bi_2O_3 以及 SASB 电极的表面旋涂 PBDTTT-C-T：$PC_{70}BM$ 溶液,转速为 800r/min,旋转 2min。之后将旋涂好的样品放到真空镀膜室内开始抽真空,待真空度达到 $4×10^{-4}Pa$ 时,制备 7nm 的 MoO_3 和 100nm 的 Al。

最后太阳能电池的 J—V 性能测试采用的是太阳能模拟器和 Keithley 2611 数字源表。EQE 采用的是 IPCE 测试系统。

4.3　结果与讨论

4.3.1　Bi_2O_3 作为阴极界面层在有机太阳能电池中的应用

以 ITO 为阴极,不同厚度的 Bi_2O_3 作为阴极界面缓冲层,制备了倒置有机太阳能电池。其中,Bi_2O_3 的厚度分别为 0.3nm、0.5nm、1nm、3nm、5nm。图 4-1 给出了界面层 Bi_2O_3 在不同厚度时器件的 J—V 特性曲线和 EQE。从图 4-1(a) 可知,随着界面层 Bi_2O_3 的厚度增加,器件的性能也在逐渐变好,当 Bi_2O_3 的厚度为 1nm 时,器件的效率 PCE 达到了最大值 6.54%,开路电压 V_{oc} 为 0.75V,电流密度 J_{sc} 为 $-14.97mA/cm^2$,填充因子 FF 为 0.58。当 Bi_2O_3 的厚度继续增加后器件的性能又

第4章 低功函数叠层透明导电薄膜 SnO$_x$/Ag/SnO$_x$/Bi$_2$O$_3$ 的制备及应用

开始下降。由于 Bi$_2$O$_3$ 的厚度很薄,对 ITO 透过率的影响不是很大,所以 Bi$_2$O$_3$ 的厚度对器件 EQE 几乎没有影响,如图 4-1(b)所示。Bi$_2$O$_3$ 不同厚度下器件的性能参数见表 4-1。实验结果表明,Bi$_2$O$_3$ 可以作为一种新型界面层应用在有机光电器件中,它可以有效地提高器件的性能。因此我们考虑将 Bi$_2$O$_3$ 材料应用在叠层透明导电薄膜中,从而制备出低功函数叠层透明导电薄膜。

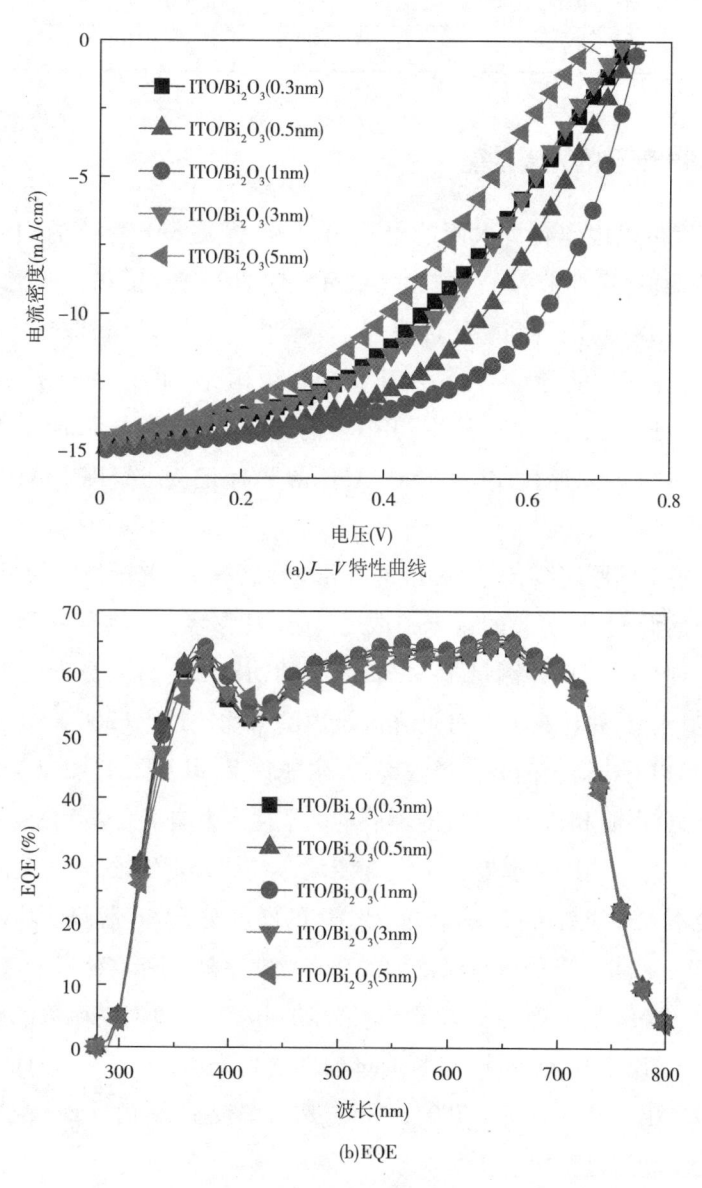

(a) J—V 特性曲线

(b) EQE

图 4-1 界面层 Bi$_2$O$_3$ 不同厚度时器件的 J—V 特性曲线 EQE

表4-1 界面层 Bi_2O_3 不同厚度时器件的性能参数

器件	$V_{oc}(V)$	$J_{sc}(mA/cm^2)$	FF	PCE(%)	$R_s(\Omega \cdot cm^2)$	EQE
ITO/Bi_2O_3(0.3nm)	0.74	-14.63	0.42	4.59	24.97	14.68
ITO/Bi_2O_3(0.5nm)	0.75	-14.92	0.50	5.61	20.34	14.92
ITO/Bi_2O_3(1nm)	0.75	-14.97	0.58	6.54	6.06	14.96
ITO/Bi_2O_3(3nm)	0.74	-14.61	0.44	4.78	22.50	14.54
ITO/Bi_2O_3(5nm)	0.69	-14.49	0.41	4.06	25.73	14.49

4.3.2 SASB 薄膜的光电性能

SAS 薄膜可以用作有机太阳能电池的阴极,但是 SAS 薄膜的功函数与 ITO 的功函数差不多,只有 4.72eV,与大多数有机层的 LUMO 能级不匹配,不利于电子的取出。将 Bi_2O_3 引进到叠层透明导电薄膜中,预计可以获得低功函的阴极。为此,制备了叠层透明导电薄膜 SASB,SASB 结构为 SnO_x(30nm)/Ag(11nm)/SnO_x(30nm)/Bi_2O_3($x$nm)。其中,Bi_2O_3 的厚度分别为 0.3nm、0.5nm、1nm、3nm、5nm。对应不同厚度 Bi_2O_3,将 SASB 薄膜标记为 SASB1、SASB2、SASB3、SASB4、SASB5。

为了了解不同厚度 Bi_2O_3 对叠层透明导电薄膜 SASB 光电性能的影响,用霍尔效应方法测量了 SASB 薄膜的载流子浓度、霍尔迁移率。用四探针测量了薄膜的面电阻。通过开尔文探针测量了 SASB 薄膜的功函数。再用分光光度计测量了 SASB 的透射光谱,并计算了在可见光区域内的平均透过率(300~800nm)。从图 4-2(a)中可以看出薄膜的载流子浓度、霍尔迁移率,以及图 4-2(b)中面电阻的曲线很平缓,这说明 Bi_2O_3 的厚度对薄膜的电学性能影响不大。而图 4-2(b)中在可见光区域内的平均透过率也几乎没有变化,这说明 Bi_2O_3 的厚度对薄膜的光学性能影响也不大。如图 4-2(c)所示,Bi_2O_3 的厚度对 SASB 薄膜的功函数影响最大。随着 Bi_2O_3 的厚度逐渐增加,薄膜的功函数在逐渐下降。当 Bi_2O_3 的厚度增加到 1nm 时,薄膜的功函数降到 4.2eV,继续增加 Bi_2O_3 厚度对功函数的影响不是很大。图 4-3 给出了 Bi_2O_3 的厚度为 1nm 时的透射光谱,并与商用 ITO 做了对比。从图中可以看出,SASB 薄膜在 350~450nm 透过率较差,从而导致 SASB 薄膜在可见光区域的平均透过率比 ITO 的小。

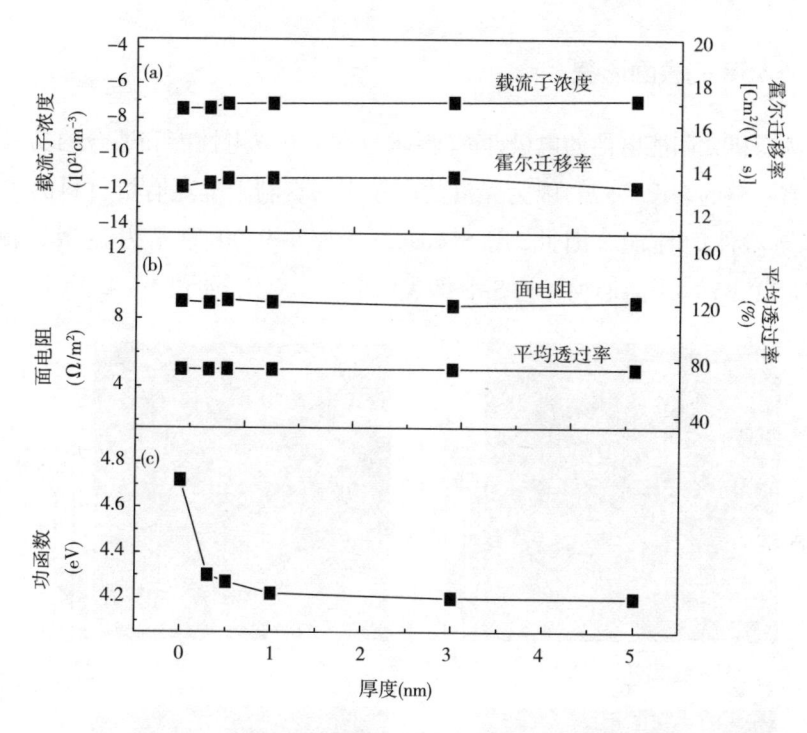

第 4 章 低功函数叠层透明导电薄膜 SnO$_x$/Ag/SnO$_x$/Bi$_2$O$_3$ 的制备及应用

图 4-2 SASB 薄膜的(a) 载流子浓度和霍尔迁移率，(b) 面电阻和可见光区域内的平均透过率，(c) 功函数随 Bi$_2$O$_3$ 厚度变化而变化的曲线

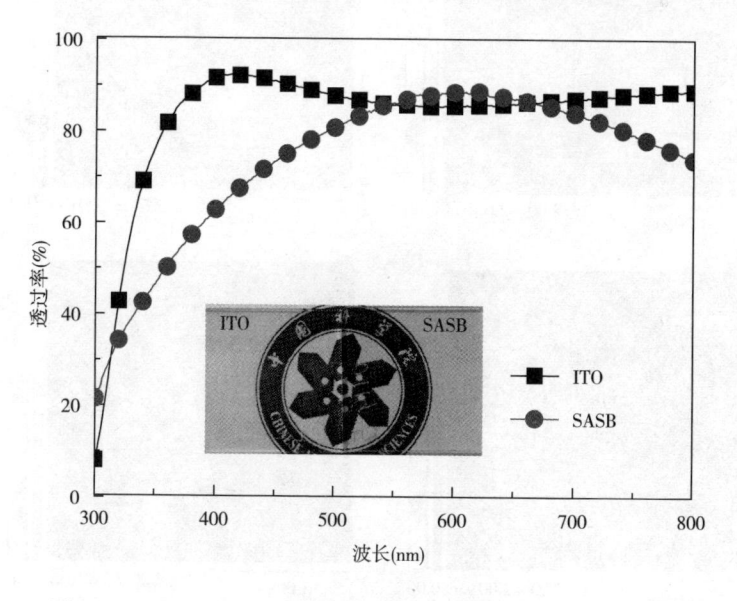

图 4-3 SnO$_x$(30nm)/Ag(11nm)/SnO$_x$(30nm)/Bi$_2$O$_3$(1nm) 与商业 ITO 的透射光谱对比图

4.3.3 SASB 的表面形貌

作为有机太阳能电池的电极,除了要求具有良好光电性能和适合的功函数外,还需要有平整的表面形貌。因为光滑的电极表面有利于提高有机材料的成膜性,进而提高器件的性能。因此,用 Shimadzu SPM - 9700 原子力显微镜测量了 SASB1～SASB5 的表面形貌并与 SAS 的表面形貌作对比,如图 4 - 4 所示。从图中

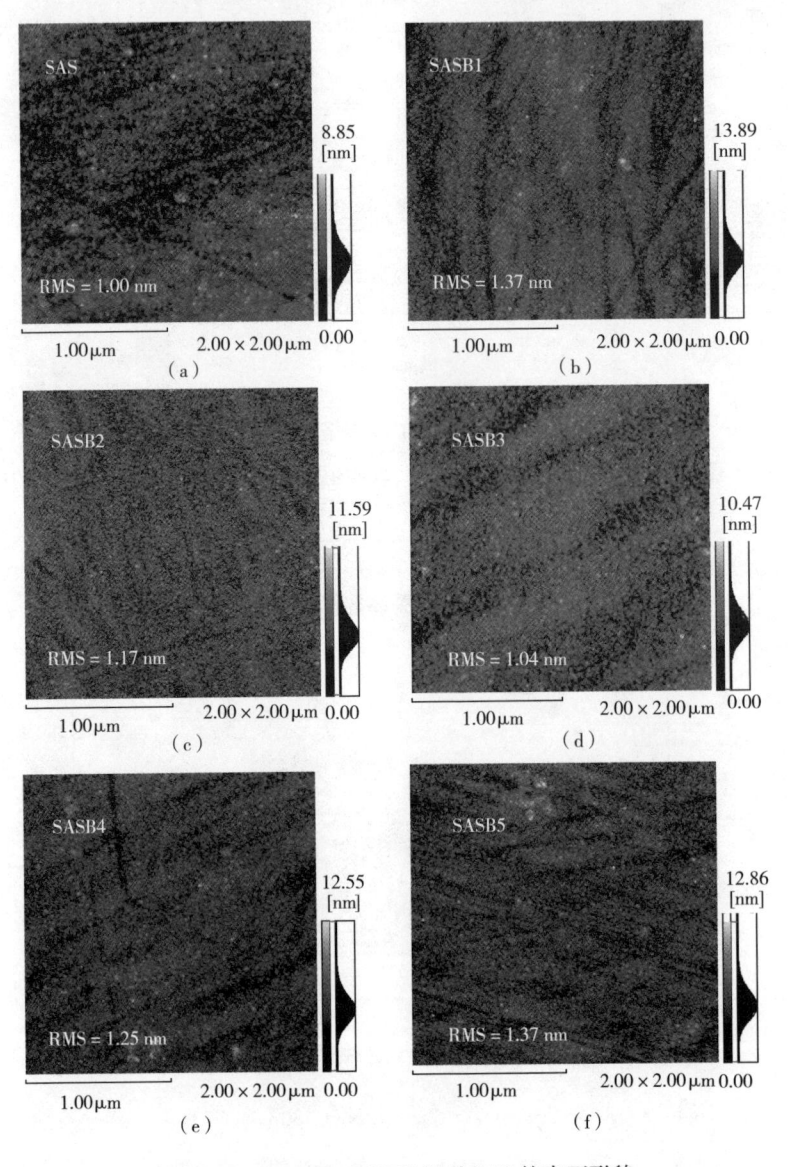

图 4 - 4 SASB1～SASB5 以及 SAS 的表面形貌

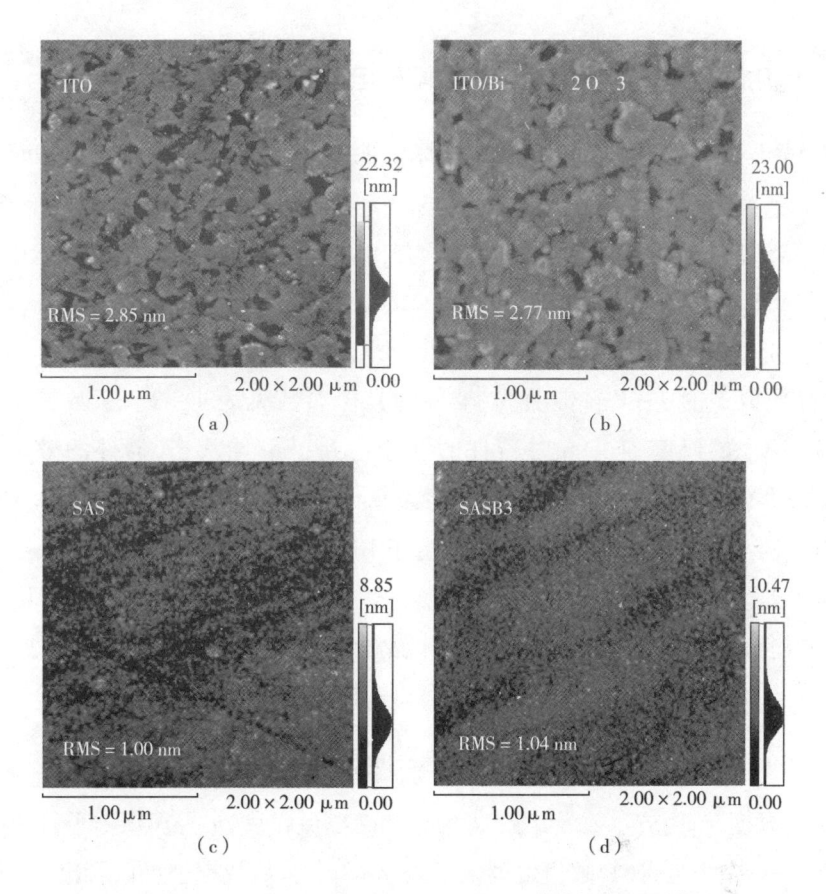

第4章　低功函数叠层透明导电薄膜 SnO$_x$/Ag/SnO$_x$/Bi$_2$O$_3$ 的制备及应用

图4-5　ITO、ITO/Bi$_2$O$_3$、SAS、SASB3 薄膜的表面形貌

可以看出,SAS 和 SASB1~SASB5 薄膜的表面形貌几乎一样,粗糙度都在 1.00~1.40nm。图 4-5 是 ITO、ITO/Bi$_2$O$_3$、SAS 和 SASB3 薄膜的表面形貌,它们的粗糙度分别为 2.85nm、2.77nm。从图中可以看到,ITO 的缺陷较多,将 Bi$_2$O$_3$ 镀在 ITO 上时,Bi$_2$O$_3$ 填补了 ITO 部分的缺陷,使 ITO 的缺陷有所减少,粗糙度也由 2.85nm 减小到 2.77nm。而当 Bi$_2$O$_3$ 镀在 SAS 上时,由于 SAS 表面平整且无明显缺陷,所以 Bi$_2$O$_3$ 均匀的铺在 SAS 表面,粗糙度也几乎没有改变。除此之外,由于 Bi$_2$O$_3$ 的厚度很薄,所以在 ITO 上镀了 Bi$_2$O$_3$ 后,薄膜的表面形貌依然像鳞片状,在 SAS 上镀了 Bi$_2$O$_3$ 后,薄膜的形貌依然像小米粒一样,也就是说,Bi$_2$O$_3$ 对薄膜的形貌影响不大。因此,SASB3 的表面粗糙度依然比 ITO 的粗糙度小很多。也就是说,单从表面形貌这一性质来看,SASB 比 ITO 更适合做有机太阳能电池的电极。

57

4.3.4　低功函数 SASB 电极在有机太阳能电池中的应用

对 SASB 薄膜的各种性能的研究结果表明，Bi_2O_3 的厚度为 1nm 及 1nm 以上时，SASB 薄膜适合做太阳能电池的阴极。为了了解 Bi_2O_3 的最佳厚度是多少，分别将 SASB1～SASB5 作为阴极制备了有机太阳能电池。其中，太阳能电池的结构为 SASB/PBDTTT-C-T：$PC_{70}BM/MoO_3/Al$，如图 4-6 所示。图 4-7(a) 给出了分别以 SASB1～SASB5 为电极的太阳能电池器件在 AM1.5G 100mW/cm^2 白光照射下的 J—V 特性曲线，器件的具体参数见表 4-2。从数据中可以了解到 Bi_2O_3 的厚度为 1nm 时器件的性能达到了最佳状态，器件的效率 PCE 达到了最大值为 6.21%，开启电压 V_{oc} 为 0.75V，电流密度 J_{sc} 为 -13.66mA/cm^2，填充因子 FF 为 0.61。这主要是由于 Bi_2O_3 的引入降低了电极功函数，从而增加了器件的开路电压。其较好的器件性能可以进一步从图 4-7(b) 暗态 J—V 特性曲线中得到证实。器件的开路电压可以用下面的式(4-1)进行表示：

$$V_{OC} = \frac{nk_BT}{q}\ln\frac{J_{SC}}{J_0} \tag{4-1}$$

其中，T 为温度，k_B 为玻尔兹曼常数，J_0 为饱和暗电流密度，n 为理想因子，J_0 提取自暗态的 J—V 特性曲线，其数值也列入了表 4-2 中。从数据中可以看出，当 Bi_2O_3 的厚度为 1nm 时器件的 J_0 最小，为 1.74×10^{-7} mA/cm^2，比 Bi_2O_3 的厚度为 0.3nm 时器件的 J_0 小了 4 个数量级，而从式 4-1 中可以看出，V_{oc} 与 J_0 成反比，较小的 J_0 预示着较高的 V_{oc}，由此说明了当 Bi_2O_3 的厚度为 1nm 时，器件具有最大的 V_{oc} 和 PCE。另外，通过图 4-7(b) 计算 SASB1-SAS5 器件的串联电阻 Rs，当电压为 1V 时，Rs = U/I，具体数值见表 4-2。Bi_2O_3 的厚度为 1nm 时器件的串联电阻最小，只有 5.54Ω·cm^2，因此器件的填充因子和效率也略高一些。当 Bi_2O_3 过薄时不足以将 SAS 功函数降到可以与有机层的 LUMO 能级相匹配的程度；而当 Bi_2O_3 过厚时，影响了电极对载流子的注入和取出效率，因而 Bi_2O_3 过薄或过厚都会导致器件性能下降。实验结果表明，SASB1～SASB5 中 SASB3 更适合做有机光电器件的阴极，SASB3 的结构为 SnO_x(30nm)/Ag(11nm)/SnO_x(30nm)/Bi_2O_3(1nm)。

第4章 低功函数叠层透明导电薄膜 SnO$_x$/Ag/SnO$_x$/Bi$_2$O$_3$ 的制备及应用

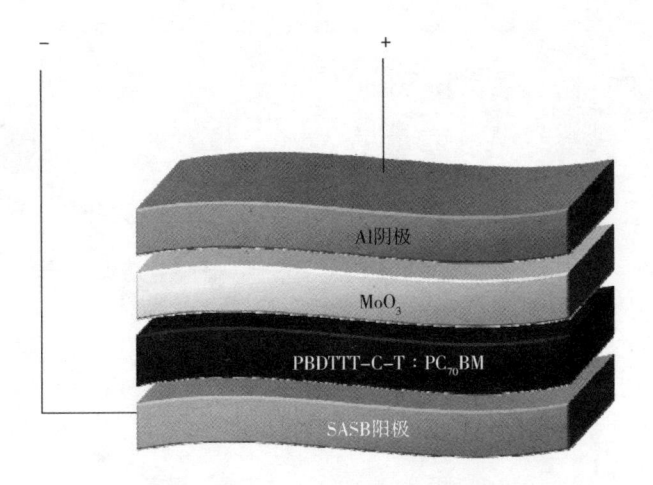

图 4-6 以 SASB 为阴极的器件结构图

表 4-2 分别以 SASB1-SASB5 为电极的太阳能电池的性能参数

器件	V_{oc}(V)	J_{sc}(mA/cm^2)	FF	PCE(%)	R_s(Ω·cm^2)	EQE	J_0(mA/cm^2)
SASB1	0.63	-13.24	0.33	2.75	19.15	13.20	3.21E-3
SASB2	0.73	-13.38	0.56	5.52	7.42	13.32	1.46E-6
SASB3	0.75	-13.66	0.61	6.21	5.54	13.65	1.74E-7
SASB4	0.72	-12.83	0.38	3.49	26.96	12.77	2.22E-6
SASB5	0.70	-11.55	0.34	2.71	46.58	11.24	3.36E-6

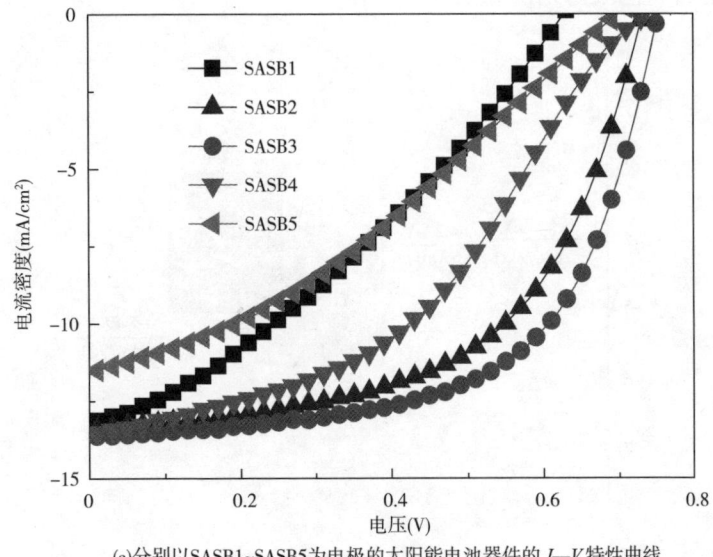

(a)分别以SASB1~SASB5为电极的太阳能电池器件的 J—V 特性曲线

图 4-7

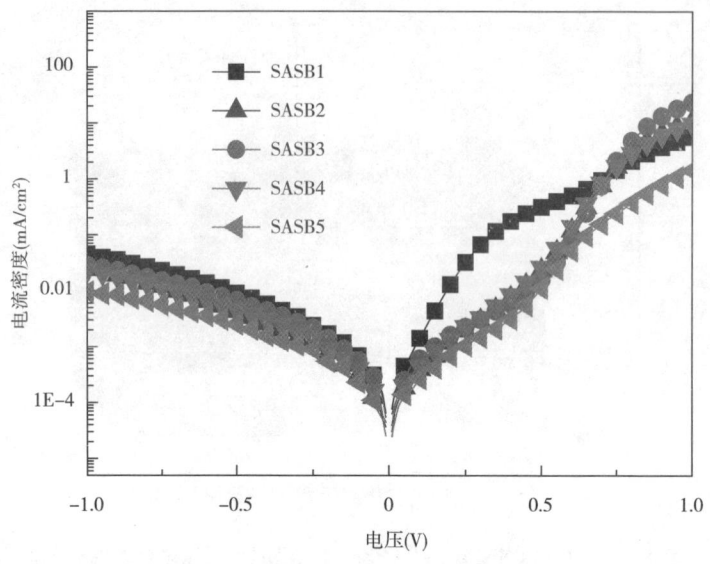

(b)随SASB电极中Bi_2O_3厚度的变化太阳能电池的性能参数的变化曲线

图4-7 各种太阳能电池的 J—V 特性曲线

得到性能优异的低功函数叠层透明导电薄膜 SnO_x(30nm)/Ag(11nm)/SnO_x(30nm)/Bi_2O_3(1nm),并以其为阴极获得了性能优异的太阳能电池之后,将其与SAS、ITO/Bi_2O_3(1nm)以及传统的 ITO/ZnO 为基底的器件放在一起进行了对比,器件中涉及的材料能级结构图如图4-8所示。

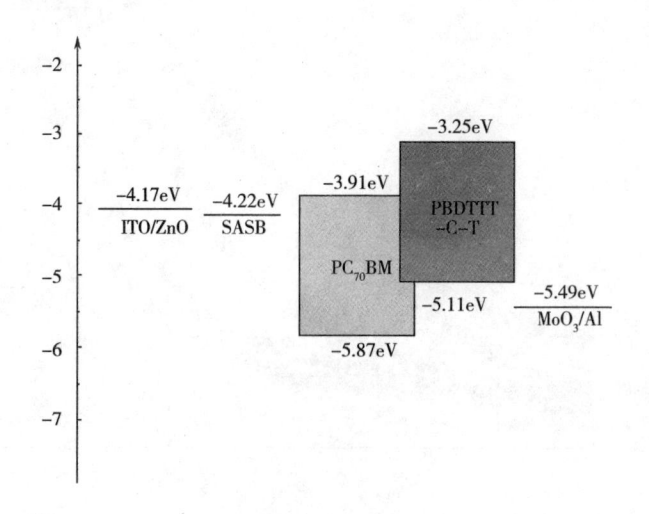

图4-8 器件的能级结构图

在以ITO为电极时,Bi_2O_3界面层与传统ZnO界面层起到了一样好的效果,ITO/Bi_2O_3器件与ITO/ZnO器件的J—V曲线和EQE几乎重合。这两组器件的开路电压V_{oc}均为0.75 V,ITO/Bi_2O_3器件和ITO/ZnO器件的电流密度J_{sc}分别为14.97mA/cm^2和14.89mA/cm^2,填充因子FF分别为0.58和0.59,效率PCE分别为6.54%和6.58%。实验结果表明,Bi_2O_3界面层可以与传统ZnO界面层相比拟,它可以有效地提高器件的性能,可以作为一种新型界面层应用在有机光电器件中。

如果将SASB3器件与ITO/ZnO器件相比,从表4-3可知,SASB3器件的开路电压V_{oc}为0.75V,电流密度J_{sc}为13.66mA/cm^2,填充因子FF为0.61,效率PCE为6.21%。而对比的ITO/ZnO器件的开启电压V_{oc}为0.75V,电流密度J_{sc}为14.89mA/cm^2,填充因子FF为0.59,效率PCE为6.58%。由于SASB3电极在可见光区域的平均透过率比ITO电极低一些,阻碍了有机层对光的吸收,所以SASB3器件比ITO/ZnO器件的电流密度小一点。但是SASB3电极与加有ZnO界面层的ITO电极一样有足够低的功函数,均可以很好的与有机层的LUMO能级相匹配,所以SASB3器件与ITO/ZnO器件的开路电压相同,都为0.75 V。此外,SASB3电极的表面形貌比ITO电极的更为平整,面电阻也比ITO的更小,SASB3器件的串联电阻(5.54$Ω·cm^2$)比ITO/ZnO器件的(6.65$Ω·cm^2$)要小,填充因子(0.61)比ITO/ZnO器件的(0.59)要略高一些。这表明与ITO/ZnO电极相比,SASB3电极与有机层的界面接触更好一些。所以SASB3器件的效率可以与ITO/ZnO对比器件相媲美。

表4-3 基于不同基底的太阳能电池的性能参数

器件	V_{oc}(V)	J_{sc}(mA/cm^2)	FF	PCE(%)	Rs(Ω·cm^2)	EQE
SAS	0.53	-13.61	0.40	2.91	18.07	13.32
SASB3	0.75	-13.66	0.61	6.21	5.54	13.65
ITO/Bi_2O_3(1nm)	0.75	-14.97	0.58	6.54	6.06	14.96
ITO/ZnO	0.75	-14.89	0.59	6.58	6.65	14.84

4.4 本章小结

(1)研究表明,Bi_2O_3薄膜是一种新型阴极界面层,能有效地降低电极和有机层之间的能垒,提高有机太阳能电池的性能。通过优化 Bi_2O_3 的厚度,发现用 1nm Bi_2O_3 作为阴极界面层制备成的器件可以和传统 ZnO 界面层制备成的对比器件相媲美。

(2)在 SAS 结构的基础上增加 Bi_2O_3 薄层,获得了高性能低功函数的叠层透明导电薄膜 SASB3。SASB3 的具体结构为 SnO_x(30nm)/Ag(11nm)/SnO_x(30nm)/Bi_2O_3(1nm)。SASB3 叠层透明导电薄膜的面电阻为 $9.0\Omega/m^2$,在可见光区域的透射光谱与 SAS 重合。SASB3 薄膜不仅具有良好的光电性能,还具有光滑的表面形貌和低功函数,它的表面粗糙度比商业 ITO 要小很多,只有 1.04nm,功函数为 4.2eV。以 SASB3 为电极的太阳能电池的性能可以与传统 ITO/ZnO 的对比器件相媲美。

第5章 总结与展望

5.1 总结

透明导电薄膜作为有机光电器件中的电极材料,在市场上有着巨大的需求量,它可以应用在薄膜太阳能电池、平板显示、触摸屏等领域。迄今为止,应用最广泛的是 ITO 透明导电薄膜,但 ITO 中的铟是一种稀有元素,随着需求量的增加,面临着耗尽的威胁。因此,研制出新型低成本、高性能的透明导电薄膜有着重要的科学意义和实际应用价值。

本文主要介绍了叠层结构的透明导电薄膜。这类薄膜具有可选择的材料范围广、制备工艺简单、成本低、柔性性好、光电性能可调等优点,但是也存在着导电机理不清、稳定性差、刻蚀效果差、界面接触不良等问题,仍有很大的提升空间。本文主要研究了由新材料构造的叠层透明导电薄膜的光电特性,并将其作为透明电极应用于有机太阳能电池中,取得的创新性成果如下:

(1)首次利用 NiO 作为介质材料,Ag 为金属层,用电子束蒸发方法制备了高性能的叠层透明导电薄膜 NAN。通过优化得出 NiO(35nm)/Ag(11nm)/NiO(35nm) 为最佳性能的 NAN 薄膜,其最大透过率为 82%,面电阻只有 $7.6\Omega/m^2$。NiO(35nm)/Ag(11nm)/NiO(35nm) 薄膜不仅具有良好的透过率和电导率,同时还具有很好的环境稳定性和温湿度稳定性,以及比商业 ITO 更为平整的表面形貌,表明 NAN 薄膜能基本满足商业化对透明导电薄膜的性能要求。此外,以其为阳极的太阳能电池的性能可以与 ITO 为阳极的太阳能电池性能相媲美。

(2)通过紫外臭氧处理提高了 NAN 电极的功函数,以玻璃/NAN 和 PET/NAN 为基底的太阳能电池的能量转换效率分别达到 6.07% 和 5.05%。以 NAN 为电极的柔性太阳能电池在未加阳极界面层 PEDOT:PSS 的情况下效率比 PET/ITO/PE-

DOT：PSS 为基底的器件高。同时柔性 NAN 电极和以 NAN 为电极的柔性太阳能电池在弯折测试中都展示了很好的耐弯折性。这说明 NAN 电极具有通过卷对卷磁控溅射技术在柔性基底上大量生产的潜质。材料成本低,且可以在室温下制备意味着 NAN 透明电极在高性能柔性太阳能电池中不仅是具有良好光电特性的无铟电极,同时也是性价比很高的柔性电极。

(3)发现了一种新型阴极界面层材料 Bi_2O_3,它能有效地降低电极和有机层之间的能垒,提高有机太阳能电池的性能。通过优化 Bi_2O_3 的厚度(1nm),以 Bi_2O_3 作为阴极界面层制备成的器件性能可以和传统 ZnO 界面层的对比器件相媲美。

(4)获得了高性能低功函数的叠层透明导电薄膜 SASB,结构为 SnO_x(30nm)/Ag(11nm)/SnO_x(30nm)/Bi_2O_3(1nm) 的 SASB3 叠层透明导电薄膜的面电阻为 $9.0\Omega/sq$,在可见光区域的透射光谱与 SAS 基本一致。SASB3 薄膜不仅具有良好的光电性能,还具有光滑的表面形貌和低功函数,它的表面粗糙度比商业 ITO 要小很多,只有 1.04nm,功函数为 4.2eV。以 SASB3 为电极的太阳能电池的性能可以与 ITO/ZnO 对比器件相媲美。

总之,通过实验研制出了具有良好光电性能的低成本的刚性和柔性的叠层透明电极,其中高功函数的 NiO/Ag/NiO 叠层透明导电薄膜适合做有机太阳能电池的阳极,低功函数的 SnO_x/Ag/SnO_x/Bi_2O_3 叠层透明导电薄膜适合做有机太阳能电池的阴极,它们的制备过程均是在室温下进行的。因此,这两种性能突出的电极有潜力应用在其他种类的有机光电器件中和柔性透明的光电器件中。

5.2 展望

虽然目前基于 DMD 叠层透明电极的部分有机光电器件的性能已经可以和基于 ITO 为电极的器件相媲美了。但是叠层透明导电薄膜走向实用化,仍有很多问题需要解决:

(1)对叠层透明导电薄膜的理论方面做进一步的研究。DMD 电极的种类虽然很多,光电性能也很好,但是绝大多数 DMD 电极与有机薄膜间存在界面接触问题,因此在有机光电器件中的性能并不理想,与商品化 ITO 电极相媲美的 DMD 电极偏少。薄膜的导电机理是指导叠层透明电极的设计及其性能提升的关键。

(2)提高叠层透明导电薄膜的透过率和热稳定性。虽然因为薄膜中间金属层的存在,薄膜的导电性能优异,很容易实现 $10\Omega/m^2$ 以下的低面电阻,但 DMD 薄膜在可见光区域内的平均透过率还没有超越 ITO。由于金属层的存在,薄膜的稳定性和刻蚀性能不好,存在很大的提升空间。

(3)改进薄膜的制备工艺。虽然薄膜的制备技术种类很多,但叠层薄膜的附着力不是很好,耐用性较差。改进制备工艺来提高薄膜的附着力是非常必要的。

参考文献

[1] Granqvist C G. Transparent Conductors as Solar Energy Materials: A Panoramic Review[J]. Solar Energy Materials and Solar Cells, 2007, 91 (17): 1529 – 1598.

[2] Granqvist C, Hultåker A. Transparent and Conducting Ito Films: New Developments and Applications[J]. Thin Solid Films, 2002, 411 (1): 1 – 5.

[3] Badeker K. Concerning the Electricity Conductibility and the Thermoelectric Energy of Several Heavy Metal Bonds[J]. Ann. Phys. (Leipzig), 1907, 22 (4): 749 – 766.

[4] Groth R, Kauer E. Thermal Insulation of Sodium Lamps[J]. Philips Technical Review, 1965, 26 (4 – 6): 105 – 108.

[5] Chopra K, Major S, Pandya D. Transparent Conductors—a Status Review[J]. Thin Solid Films, 1983, 102 (1): 1 – 46.

[6] Shanthi S, Subramanian C, Ramasamy P. Investigations on the Optical Properties of Undoped, Fluorine Doped and Antimony Doped Tin Oxide Films[J]. Crystal Research And Technology, 1999, 34 (8): 1037 – 1046.

[7] Ovadyahu Z, Ovryn B, Kraner H. Microstructure and Electro – Optical Properties of Evaporated Indium – Oxide Films[J]. Journal of The Electrochemical Society, 1983, 130 (4): 917 – 921.

[8] Szörényi T, Laude L, Bertoti I, et al. Excimer Laser Processing of Indium – Tin – Oxide Films: An Optical Investigation[J]. Journal of Applied Physics, 1995, 78 (10): 6211 – 6219.

[9] Chiou B S, Hsieh S T, Wu W F. Deposition of Indium Tin Oxide Films on Acrylic Substrates by Radiofrequency Magnetron Sputtering[J]. Journal Of The American Ceramic Society, 1994, 77 (7): 1740 – 1744.

[10] Agnihotri O, Sharma A, Gupta B, et al. The Effect of Tin Additions on Indium

Oxide Selective Coatings[J]. Journal of Physics D: Applied Physics, 1978, 11 (5): 643.

[11] Minami T. Transparent and Conductive Multicomponent Oxide Films Prepared by Magnetron Sputtering[J]. Journal of Vacuum Science & Technology A, 1999, 17 (4): 1765 – 1772.

[12] Lehmann H, Widmer R. Preparation and Properties of Reactively Co – Sputtered Transparent Conducting Films[J]. Thin Solid Films, 1975, 27 (2): 359 – 368.

[13] Fan J C, Bachner F J, Foley G H. Effect of O_2 Pressure During Deposition on Properties of Rf – Sputtered Sn – Doped In_2O_3 Films[J]. Applied Physics Letters, 1977, 31 (11): 773 – 775.

[14] Tahar R B H, Ban T, Ohya Y, et al. Humidity – Sensing Characteristics of Divalent – Metal – Doped Indium Oxide Thin Films[J]. Journal Of The American Ceramic Society, 1998, 81 (2): 321 – 327.

[15] Sawada Y, Kobayashi C, Seki S, et al. Highly – Conducting Indium Tin – Oxide Transparent Films Fabricated by Spray Cvd Using Ethanol Solution of Indium (Iii) Chloride and Tin (Ii) Chloride[J]. Thin Solid Films, 2002, 409 (1): 46 – 50.

[16] Rozati S, Ganj T. Transparent Conductive Sn – Doped Indium Oxide Thin Films Deposited by Spray Pyrolysis Technique[J]. Renewable Energy, 2004, 29 (10): 1671 – 1676.

[17] Kim D, Han Y, Cho J S, et al. Low Temperature Deposition of Ito Thin Films by Ion Beam Sputtering[J]. Thin Solid Films, 2000, 377: 81 – 86.

[18] Haitjema H, Elich J P. Physical Properties of Pyrolytically Sprayed Tin – Doped Indium Oxide Coatings[J]. Thin Solid Films, 1991, 205 (1): 93 – 100.

[19] Balasubramanian N, Subrahmanyam A. Effect of Substrate Temperature on the Electrical and Optical Properties of Reactively Evaporated Indium Tin Oxide Films[J]. Materials Science and Engineering: B, 1988, 1 (3): 279 – 281.

[20] Bender M, Trube J, Stollenwerk J. Deposition of Transparent and Conducting Indium – Tin – Oxide Films by the Rf – Superimposed Dc Sputtering Technology[J]. Thin Solid Films, 1999, 354 (1): 100 – 105.

[21] Shin S, Shin J, Park K, et al. Low Resistivity Indium Tin Oxide Films Deposited by Unbalanced Dc Magnetron Sputtering[J]. Thin Solid Films, 1999, 341 (1): 225 – 229.

[22] Higuchi M, Uekusa S, Nakano R, et al. Micrograin Structure Influence on Electrical Characteristics of Sputtered Indium Tin Oxide Films[J]. Journal of Applied Physics, 1993, 74 (11): 6710 – 6713.

[23] Hosono H, Ohta H, Orita M, et al. Frontier of Transparent Conductive Oxide Thin Films[J]. Vacuum, 2002, 66 (3): 419 – 425.

[24] Wu W F, Chiou B S. Properties of Radio – Frequency Magnetron Sputtered Ito Films without in – Situ Substrate Heating and Post – Deposition Annealing[J]. Thin Solid Films, 1994, 247 (2): 201 – 207.

[25] Sreenivas K, Rao T S, Mansingh A, et al. Preparation and Characterization of Rf Sputtered Indium Tin Oxide Films[J]. Journal of Applied Physics, 1985, 57 (2): 384 – 392.

[26] Fan J C, Goodenough J B. X – Ray Photoemission Spectroscopy Studies of Sn – Doped Indium – Oxide Films[J]. Journal of Applied Physics, 1977, 48 (8): 3524 – 3531.

[27] Kumar C V, Mansingh A. Effect of Target – Substrate Distance on the Growth and Properties of Rf – Sputtered Indium Tin Oxide Films[J]. Journal of Applied Physics, 1989, 65 (3): 1270 – 1280.

[28] Mizuhashi M. Electrical Properties of Vacuum – Deposited Indium Oxide and Indium Tin Oxide Films[J]. Thin Solid Films, 1980, 70 (1): 91 – 100.

[29] Tang C W, VanSlyke S. Organic Electroluminescent Diodes[J]. Applied Physics Letters, 1987, 51 (12): 913 – 915.

[30] Wu Z, Chen Z, Du X, et al. Transparent, Conductive Carbon Nanotube Films[J]. Science, 2004, 305 (5688): 1273 – 1276.

[31] Tenent R C, Barnes T M, Bergeson J D, et al. Ultrasmooth, Large – Area, High – Uniformity, Conductive Transparent Single – Walled – Carbon – Nanotube Films for Photovoltaics Produced by Ultrasonic Spraying[J]. Advanced Materials, 2009, 21 (31): 3210 – 3216.

[32] Hecht D S, Hu L, Irvin G. Emerging Transparent Electrodes Based on Thin Films of Carbon Nanotubes, Graphene, and Metallic Nanostructures[J]. Advanced Materials, 2011, 23 (13): 1482 – 1513.

[33] Salvatierra R V, Cava C E, Roman L S, et al. Ito – Free and Flexible Organic Photovoltaic Device Based on High Transparent and Conductive Polyaniline/Carbon Nanotube Thin Films[J]. Advanced Functional Materials, 2013, 23 (12): 1490 – 1499.

[34] Wu J, Agrawal M, Becerril H A, et al. Organic Light – Emitting Diodes on Solution – Processed Graphene Transparent Electrodes[J]. ACS Nano, 2009, 4 (1): 43 – 48.

[35] De S, Coleman J N. Are There Fundamental Limitations on the Sheet Resistance and Transmittance of Thin Graphene Films? [J]. ACS Nano, 2010, 4 (5): 2713 – 2720.

[36] Yin Z, Sun S, Salim T, et al. Organic Photovoltaic Devices Using Highly Flexible Reduced Graphene Oxide Films as Transparent Electrodes[J]. ACS Nano, 2010, 4 (9): 5263 – 5268.

[37] Chen X, Jia B, Zhang Y, et al. Exceeding the Limit of Plasmonic Light Trapping in Textured Screen – Printed Solar Cells Using Al Nanoparticles and Wrinkle – Like Graphene Sheets[J]. Light Sci Appl, 2013, 2: e92.

[38] Ha Y H, Nikolov N, Pollack S K, et al. Towards a Transparent, Highly Conductive Poly(3,4 – Ethylenedioxythiophene)[J]. Advanced Functional Materials, 2004, 14 (6): 615 – 622.

[39] Vosgueritchian M, Lipomi D J, Bao Z. Highly Conductive and Transparent Pedot: Pss Films with a Fluorosurfactant for Stretchable and Flexible Transparent Electrodes[J]. Advanced Functional Materials, 2012, 22 (2): 421 – 428.

[40] Kirchmeyer S, Reuter K. Scientific Importance, Properties and Growing Applications of Poly(3,4 – Ethylenedioxythiophene)[J]. Journal of Materials Chemistry, 2005, 15 (21): 2077 – 2088.

[41] Su H, Zhang M, Chang Y H, et al. Highly Conductive and Low Cost Ni – Pet Flexible Substrate for Efficient Dye – Sensitized Solar Cells[J]. ACS Appl

Mater Interfaces,2014,6(8):5577-5584.

[42] Lee J Y, Connor S T, Cui Y, et al. Solution-Processed Metal Nanowire Mesh Transparent Electrodes[J]. Nano Letters,2008,8(2):689-692.

[43] De S, Higgins T M, Lyons P E, et al. Silver Nanowire Networks as Flexible, Transparent, Conducting Films: Extremely High Dc to Optical Conductivity Ratios[J]. ACS Nano,2009,3(7):1767-1774.

[44] Rathmell A R, Bergin S M, Hua Y L, et al. The Growth Mechanism of Copper Nanowires and Their Properties in Flexible, Transparent Conducting Films[J]. Advanced Materials,2010,22(32):3558-3563.

[45] Zou J, Yip H L, Hau S K, et al. Metal Grid/Conducting Polymer Hybrid Transparent Electrode for Inverted Polymer Solar Cells[J]. Applied Physics Letters,2010,96(20):203301-203301-3.

[46] Choi H W, Theodore N D, Alford T. ZnO-Ag-MoO_3 Transparent Composite Electrode for Ito-Free, Pedot:Pss-Free Bulk-Heterojunction Organic Solar Cells[J]. Solar Energy Materials and Solar Cells,2013,117:446-450.

[47] Xu W F, Chin C C, Hung D W, et al. Transparent Electrode for Organic Solar Cells Using Multilayer Structures with Nanoporous Silver Film[J]. Solar Energy Materials and Solar Cells,2013,118:81-89.

[48] Yun J, Wang W, Bae T S, et al. Preparation of Flexible Organic Solar Cells with Highly Conductive and Transparent Metal-Oxide Multilayer Electrodes Based on Silver Oxide[J]. ACS Appl Mater Interfaces,2013,5(20):9933-9941.

[49] Davis L. Properties of Transparent Conducting Oxides Deposited at Room Temperature[J]. Thin Solid Films,1993,236(1):1-5.

[50] Minami T. New N-Type Transparent Conducting Oxides[J]. Mrs Bulletin,2000,25(08):38-44.

[51] Granqvist C. Transparent Conductive Electrodes for Electrochromic Devices: A Review[J]. Applied Physics A,1993,57(1):19-24.

[52] Rohatgi A, Viverito T, Slack L. Electrical and Optical Properties of Tin Oxide Films[J]. Journal Of The American Ceramic Society,1974,57(6):278-279.

[53] Thangaraju B. Structural and Electrical Studies on Highly Conducting Spray

Deposited Fluorine and Antimony Doped SnO_2 Thin Films from $SnCl_2$ Precursor[J]. Thin Solid Films,2002,402（1）:71 – 78.

[54] Demichelis F, Minetti – Mezzetti E, Smurro V, et al. Physical Properties of Chemically Sprayed Tin Oxide and Indium Tin Oxide Transparent Conductive Films[J]. Journal of Physics D:Applied Physics,1985,18（9）:1825.

[55] De A, Ray S. A Study of the Structural and Electronic Properties of Magnetron Sputtered Tin Oxide Films[J]. Journal of Physics D:Applied Physics,1991,24（5）:719.

[56] Bruneaux J, Cachet H, Froment M, et al. Correlation between Structural and Electrical Properties of Sprayed Tin Oxide Films with and without Fluorine Doping[J]. Thin Solid Films,1991,197（1）:129 – 142.

[57] Shanthi E, Dutta V, Banerjee A, et al. Electrical and Optical Properties of Undoped and Antimony – Doped Tin Oxide Films[J]. Journal of Applied Physics,1980,51（12）:6243 – 6251.

[58] 蔡珣,王振国. 透明导电薄膜材料的研究与发展趋势[J]. 功能材料,2004,35（z1）:76 – 82.

[59] 姜辛,孙超,洪瑞江等. 透明导电氧化物薄膜[M]. 北京:高等教育出版社,2008.

[60] Stjerna B, Olsson E, Granqvist C. Optical and Electrical Properties of Radio Frequency Sputtered Tin Oxide Films Doped with Oxygen Vacancies, F, Sb, or Mo[J]. Journal of Applied Physics,1994,76（6）:3797 – 3817.

[61] Look D C, Hemsky J W, Sizelove J. Residual Native Shallow Donor in Zno[J]. Physical Review Letters,1999,82（12）:2552.

[62] Van de Walle C G. Hydrogen as a Cause of Doping in Zinc Oxide[J]. Physical Review Letters,2000,85（5）:1012.

[63] Minami T, Nanto H, Takata S. Highly Conductive and Transparent Zinc Oxide Films Prepared by Rf Magnetron Sputtering under an Applied External Magnetic Field[J]. Applied Physics Letters,1982,41（10）:958 – 960.

[64] Schubert S, Meiss J, Müller – Meskamp L, et al. Improvement of Transparent Metal Top Electrodes for Organic Solar Cells by Introducing a High Surface

Energy Seed Layer[J]. Advanced Energy Materials,2013,3(4):438-443.

[65] Sergeant N P,Hadipour A,Niesen B,et al. Design of Transparent Anodes for Resonant Cavity Enhanced Light Harvesting in Organic Solar Cells[J]. Advanced Materials,2012,24(6):728-732.

[66] Guo X,Lin J,Chen H,et al. Ultrathin and Efficient Flexible Polymer Photovoltaic Cells Based on Stable Indium-Free Multilayer Transparent Electrodes [J]. Journal of Materials Chemistry,2012,22(33):17176-17182.

[67] Ryu S Y,Noh J H,Hwang B H,et al. Transparent Organic Light-Emitting Diodes Consisting of a Metal Oxide Multilayer Cathode[J]. Applied Physics Letters,2008,92(2).

[68] Yoo B,Kim K,Lee S H,et al. Ito/Ato/TiO$_2$ Triple-Layered Transparent Conducting Substrates for Dye-Sensitized Solar Cells[J]. Solar Energy Materials and Solar Cells,2008,92(8):873-877.

[69] Wang W,Song M,Bae T S,et al. Transparent Ultrathin Oxygen-Doped Silver Electrodes for Flexible Organic Solar Cells[J]. Advanced Functional Materials,2014,24(11):1551-1561.

[70] Dimopoulos T,Radnoczi G,Pécz B,et al. Characterization of Zno:Al/Au/Zno:Al Trilayers for High Performance Transparent Conducting Electrodes[J]. Thin Solid Films,2010,519(4):1470-1474.

[71] Jung Y S,Kim W J,Choi H W,et al. Properties of Gazo/Ag/Gazo Multilayer Films Prepared by Fts System[J]. Microelectronic Engineering,2012,89:124-128.

[72]金炯,王德苗,董树荣. 低辐射薄膜的研究进展[J]. 材料导报,2005,18(10):14-17.

[73] Kusano E,Kawaguchi J,Enjouji K. Thermal Stability of Heat-Reflective Films Consisting of Oxide-Ag-Oxide Deposited by Dc Magnetron Sputtering[J]. Journal of Vacuum Science & Technology A,1986,4(6):2907-2910.

[74] Rimai D S,DeMejo L P,Mittal K. Fundamentals of Adhesion and Interfaces [M]. VSP,1995.

[75] Spaepen F. Interfaces and Stresses in Thin Films[J]. Acta Materialia,2000,48(1):31-42.

[76] Wang Z, Cai X, Chen Q, et al. Effects of Ti Transition Layer on Stability of Silver/Titanium Dioxide Multilayered Structure[J]. Thin Solid Films, 2007, 515 (5):3146 – 3150.

[77] Lee J H, Hwangbo C. Characterization of the Optical and Structural Properties for Low – Emissivity Filters with Ti, Tiox, and Ito Barrier Layers[J]. Journal Of The Korean Physical Society, 2005, 46:S154 – S158.

[78] Martin – Palma R, Martinez – Duart J. Ni – Cr Passivation of Very Thin Ag Films for Low – Emissivity Multilayer Coatings[J]. Journal of Vacuum Science & Technology A: Vacuum, Surfaces, and Films, 1999, 17 (6):3449 – 3451.

[79] Sivaramakrishnan K, Ngo A, Iyer S, et al. Effect of Thermal Processing on Silver Thin Films of Varying Thickness Deposited on Zinc Oxide and Indium Tin Oxide[J]. Journal of Applied Physics, 2009, 105 (6):063525.

[80] Zoo Y, Han H, Alford T. Copper Enhanced (111) Texture in Silver Thin Films on Amorphous SiO_2 [J]. Journal of Applied Physics, 2007, 102 (8):083548.

[81] Roh H S, Kim G H, Lee W J. Effects of Added Metallic Elements in Ag – Alloys on Properties of Indium – Tin – Oxide/Ag – Alloy/Indium – Tin – Oxide Transparent Conductive Multilayer System[J]. Japanese Journal Of Applied Physics, 2008, 47 (8R):6337.

[82] Ando E, Suzuki S, Aomine N, et al. Sputtered Silver – Based Low – Emissivity Coatings with High Moisture Durability[J]. Vacuum, 2000, 59 (2):792 – 799.

[83] Chen S W, Koo C H. Ito – Ag Alloy – Ito Film with Stable and High Conductivity Depending on the Control of Atomically Flat Interface[J]. Materials Letters, 2007, 61 (19):4097 – 4099.

[84] 廖亚琴, 李愿杰, 黄添懋. 透明导电薄膜现状与发展趋势[J]. 东方电气评论, 2014, 28 (1):13 – 18.

[85] 金鑫, 孝文. Oled 有机电致发光材料与器件[M]. 北京:清华大学出版社, 2007.

[86] He Z, Xiao B, Liu F, et al. Single – Junction Polymer Solar Cells with High Efficiency and Photovoltage[J]. Nature Photonics, 2015, 9 (3):174 – 179.

[87] Han D, Kim H, Lee S, et al. Realization of Efficient Semitransparent Organic Photovoltaic Cells with Metallic Top Electrodes: Utilizing the Tunable Absorption Asymmetry[J]. Optics Express, 2010, 18 (104): A513 - A521.

[88] Zhang J l, Shen W d, Gu P, et al. Omnidirectional Narrow Bandpass Filter Based on Metal - Dielectric Thin Films[J]. Applied Optics, 2008, 47 (33): 6285 - 6290.

[89] Leftheriotis G, Yianoulis P. Characterisation and Stability of Low - Emittance Multiple Coatings for Glazing Applications[J]. Solar Energy Materials and Solar Cells, 1999, 58 (2): 185 - 197.

[90] Leftheriotis G, Papaefthimiou S, Yianoulis P. Development of Multilayer Transparent Conductive Coatings[J]. Solid State Ionics, 2000, 136: 655 - 661.

[91] Papaefthimiou S, Leftheriotis G, Yianoulis P. Advanced Electrochromic Devices Based on Wo 3 Thin Films[J]. Electrochimica Acta, 2001, 46 (13): 2145 - 2150.

[92] Ando E, Miyazaki M. Moisture Resistance of the Low - Emissivity Coatings with a Layer Structure of Al - Doped Zno/Ag/Al - Doped Zno[J]. Thin Solid Films, 2001, 392 (2): 289 - 293.

[93] Fan J C, Bachner F J, Foley G H, et al. Transparent Heat - Mirror Films of $TiO_2/Ag/TiO_2$ for Solar Energy Collection and Radiation Insulation[J]. Applied Physics Letters, 1974, 25 (12): 693 - 695.

[94] Sarto F, Sarto M, Larciprete M, et al. Transparent Films for Electromagnetic Shielding of Plastics[J]. Rev. Adv. Mater. Sci, 2003, 5 (4): 329 - 336.

[95] Yook K S, Jeon S O, Joo C W, et al. Correlation of Lifetime and Recombination Zone in Green Phosphorescent Organic Light - Emitting Diodes[J]. Applied Physics Letters, 2009, 94 (9): 093501.

[96] Song C, Chen H, Fan Y, et al. High - Work - Function Transparent Conductive Oxides with Multilayer Films[J]. Applied Physics Express, 2012, 5 (4): 041102.

[97] Meyer J, Hamwi S, Bülow T, et al. Highly Efficient Simplified Organic Light Emitting Diodes[J]. Applied Physics Letters, 2007, 91 (11): 113506.

[98] Chang C C, Hwang S W, Chen C H, et al. High - Efficiency Organic Elec-

troluminescent Device with Multiple Emitting Units[J]. Japanese Journal Of Applied Physics,2004,43 (9R):6418.

[99] Norton D P. Synthesis and Properties of Epitaxial Electronic Oxide Thin – Film Materials[J]. Materials Science and Engineering:R:Reports,2004,43 (5):139 – 247.

[100] Makha M,Cattin L,Lare Y,et al. $MoO_3/Ag/MoO_3$ Anode in Organic Photovoltaic Cells:Influence of the Presence of a Cui Buffer Layer between the Anode and the Electron Donor[J]. Applied Physics Letters,2012,101 (23):233307.

[101] Cao W,Zheng Y,Li Z,et al. Flexible Organic Solar Cells Using an Oxide/Metal/Oxide Trilayer as Transparent Electrode [J]. Organic Electronics, 2012,13 (11):2221 – 2228.

[102] Andrei C,O'Reilly T,Zerulla D. A Spatially Resolved Study on the Sn Diffusion During the Sintering Process in the Active Layer of Dye Sensitised Solar Cells[J]. Physical Chemistry Chemical Physics,2010,12 (26):7241 – 7245.

[103] Liu B,Aydil E S. Growth of Oriented Single – Crystalline Rutile TiO_2 Nanorods on Transparent Conducting Substrates for Dye – Sensitized Solar Cells[J]. Journal of the American Chemical Society,2009,131 (11):3985 – 3990.

[104] Cho N,Choi B K,Suh H,et al. Blue Organic Light – Emitting Diodes Based on Solution – Processed Fluorene Derivative[J]. Journal of nanoscience and nanotechnology,2010,10 (10):6925 – 6928.

[105] Shin D M. The Characteristics of Electroplex Generated from the Organic Light Emitting Diodes [J]. Journal of nanoscience and nanotechnology, 2010,10 (10):6794 – 6799.

[106] Lide D. Crc Handbook of Chemistry and Physics (Crc,Boca Raton,Fl) [M],2008.

[107] Liu X,Cai X,Qiao J,et al. The Design of ZnS/Ag/ZnS Transparent Conductive Multilayer Films[J]. Thin Solid Films,2003,441 (1):200 – 206.

[108] Jim K,Wang D,Leung C,et al. One – Dimensional Tunable Ferroelectric Photonic Crystals Based on $Ba_{0.7}Sr_{0.3}TiO_3/MgO$ Multilayer Thin Films[J]. Journal of Applied Physics,2008,103 (8):083107.

[109] Thelen A. Design of Optical Interference Coatings[M]. McGraw – Hill New York,1989.

[110] Johnson P B,Christy R W. Optical Constants of the Noble Metals[J]. Physical Review B,1972,6 (12):4370.

[111] Palik E D. Handbook of Optical Constants of Solids [M]. Academic press,1998.

[112] Bernède J,Cattin L,Morsli M,et al. Ultra – Thin Metal Layer Passivation of the Transparent Conductive Anode in Organic Solar Cells[J]. Solar Energy Materials and Solar Cells,2008,92 (11):1508 – 1515.

[113] Wang N,Liu X,Liu X. Ultraviolet Luminescent,High – Effective – Work – Function Latio3 – Doped Indium Oxide and Its Effects in Organic Optoelectronics[J]. Advanced Materials,2010,22 (19):2211 – 2215.

[114] Ratcliff E L,Meyer J,Steirer K X,et al. Evidence for near – Surface Niooh Species in Solution – Processed Nio X Selective Interlayer Materials:Impact on Energetics and the Performance of Polymer Bulk Heterojunction Photovoltaics[J]. Chemistry of Materials,2011,23 (22):4988 – 5000.

[115] Zhai Z,Huang X,Xu M,et al. Greatly Reduced Processing Temperature for a Solution – Processed Niox Buffer Layer in Polymer Solar Cells[J]. Advanced Energy Materials,2013,3 (12):1614 – 1622.

[116] Greiner M T,Helander M G,Wang Z B,et al. Effects of Processing Conditions on the Work Function and Energy – Level Alignment of Nio Thin Films [J]. The Journal of Physical Chemistry C,2010,114 (46):19777 – 19781.

[117] Yu S,Jia C,Zheng H,et al. High Quality Transparent Conductive SnO_2/Ag/SnO_2 Tri – Layer Films Deposited at Room Temperature by Magnetron Sputtering[J]. Materials Letters,2012,85:68 – 70.

[118] Yang J D,Cho S H,Hong T W,et al. Organic Photovoltaic Cells Fabricated on a SnO_x/Ag/SnO_x Multilayer Transparent Conducting Electrode[J]. Thin Solid Films,2012,520 (19):6215 – 6220.

[119] Chen H Y,Hou J,Zhang S,et al. Polymer Solar Cells with Enhanced Open – Circuit Voltage and Efficiency[J]. Nature Photonics,2009,3 (11):649 – 653.

[120] Friend R, Gymer R, Holmes A, et al. Electroluminescence in Conjugated Polymers[J]. Nature,1999,397 (6715):121-128.

[121] Yu G, Gao J, Hummelen J C, et al. Polymer Photovoltaic Cells: Enhanced Efficiencies Via a Network of Internal Donor - Acceptor Heterojunctions[J]. Science - AAAS - Weekly Paper Edition,1995,270 (5243):1789-1790.

[122] Yan H, Chen Z, Zheng Y, et al. A High - Mobility Electron - Transporting Polymer for Printed Transistors[J]. Nature,2009,457 (7230):679-686.

[123] Nüesch F, Rothberg L, Forsythe E, et al. A Photoelectron Spectroscopy Study on the Indium Tin Oxide Treatment by Acids and Bases[J]. Applied Physics Letters,1999,74(6):880-882.

[124] Osikowicz W, Crispin X, Tengstedt C, et al. Transparent Low - Work - Function Indium Tin Oxide Electrode Obtainedby Molecular Scale Interface Engineering[J]. Applied Physics Letters,2004,85 (9):1616-1618.

[125] Sharma A, Hotchkiss P J, Marder S R, et al. Tailoring the Work Function of Indium Tin Oxide Electrodes in Electrophosphorescent Organic Light - Emitting Diodes[J]. Journal of Applied Physics,2009,105 (8):084507.

[126] Bulliard X, Ihn S G, Yun S, et al. Enhanced Performance in Polymer Solar Cells by Surface Energy Control[J]. Advanced Functional Materials,2010,20 (24):4381-4387.

[127] Hsieh S N, Chen S P, Li C Y, et al. Surface Modification of TiO_2 by a Self - Assembly Monolayer in Inverted - Type Polymer Light - Emitting Devices [J]. Organic Electronics,2009,10(8):1626-1631.

[128] Huang J, Xu Z, Yang Y. Low - Work - Function Surface Formed by Solution - Processed and Thermally Deposited Nanoscale Layers of Cesium Carbonate[J]. Advanced Functional Materials,2007,17 (12):1966-1973.

[129] Zhou Y, Li F, Barrau S, et al. Inverted and Transparent Polymer Solar Cells Prepared with Vacuum - Free Processing[J]. Solar Energy Materials and Solar Cells,2009,93 (4):497-500.

[130] Jo G, Na S I, Oh S H, et al. Tuning of a Graphene - Electrode Work Function to Enhance the Efficiency of Organic Bulk Heterojunction Photovoltaic Cells

with an Inverted Structure[J]. Applied Physics Letters, 2010, 97 (21):213301.

[131] Na S I, Kim T S, Oh S H, et al. Enhanced Performance of Inverted Polymer Solar Cells with Cathode Interfacial Tuning Via Water – Soluble Polyfluorenes[J]. Applied Physics Letters,2010,97 (22):223305.

[132] Cheun H, Fuentes – Hernandez C, Zhou Y, et al. Electrical and Optical Properties of ZnO Processed by Atomic Layer Deposition in Inverted Polymer Solar Cells[J]. The Journal of Physical Chemistry C,2010,114 (48):20713 – 20718.

[133] Leontie L, Caraman M, Delibaş M, et al. Optical Properties of Bismuth Trioxide Thin Films[J]. Materials Research Bulletin,2001,36 (9):1629 – 1637.

[134] Condurache – Bota S, Tigau N, Rambu A, et al. Optical and Electrical Properties of Thermally Oxidized Bismuth Thin Films[J]. Applied Surface Science,2011,257 (24):10545 – 10550.

[135] Patil R, Yadav J, Puri R, et al. Optical Properties and Adhesion of Air Oxidized Vacuum Evaporated Bismuth Thin Films[J]. Journal of Physics And Chemistry of Solids,2007,68 (4):665 – 669.

[136] Lin G, Tan D, Luo F, et al. Fabrication and Photocatalytic Property of A – Bi_2O_3 Nanoparticles by Femtosecond Laser Ablation in Liquid[J]. Journal of Alloys And Compounds,2010,507 (2):L43 – L46.

[137] Shen Y, Li Y, Li W, et al. Growth of Bi_2O_3 Ultrathin Films by Atomic Layer Deposition[J]. The Journal of Physical Chemistry C,2012,116 (5):3449 – 3456.

[138] Morasch J, Li S, Brötz J, et al. Reactively Magnetron Sputtered Bi_2O_3 Thin Films: Analysis of Structure, Optoelectronic, Interface, and Photovoltaic Properties[J]. Physica Status Solidi (a),2014,211 (1):93 – 100.

[139] Soitah T N, Yang C. Effect of Fe^{3+} Doping on Structural, Optical and Electrical Properties Δ – Bi_2O_3 Thin Films[J]. Current Applied Physics,2010,10 (3):724 – 728.

[140] Walsh A, Watson G W, Payne D J, et al. Electronic Structure of the A and Δ Phases of Bi_2O_3: A Combined Ab Initio and X – Ray Spectroscopy Study[J]. Physical Review B,2006,73 (23):235104.